知见
著微

中国传统服饰细部

陈秀芳——著　　贾玺增 高瑞 吕金泽——译

莎拉·邓肯——摄影

北方联合出版传媒（集团）股份有限公司
辽宁科学技术出版社

Published by arrangement with Thames & Hudson Ltd, London

This edition first published in China in 2025 by Liaoning Science & Technology Publishing House Ltd, Shenyang

图书在版编目（CIP）数据

见微知著：中国传统服饰细部 / 陈秀芳著；贾玺增，高瑞，吕金泽译 . -- 沈阳：辽宁科学技术出版社，2025．4. -- ISBN 978-7-5591-3820-0

Ⅰ．TS941.12-64

中国国家版本馆 CIP 数据核字第 2024N03D53 号

出版发行：辽宁科学技术出版社
（地址：沈阳市和平区十一纬路 25 号 邮编：110003）
印 刷 者：广东省博罗县园洲勤达印务有限公司
经 销 者：各地新华书店
幅面尺寸：185mm×260mm
印 张：14
字 数：300 千字
出版时间：2025 年 4 月第 1 版
印刷时间：2025 年 4 月第 1 次印刷
责任编辑：王丽颖 张树德
封面设计：吴 飞
版式设计：吴 飞
责任校对：王玉宝

书 号：ISBN 978-7-5591-3820-0
定 价：298.00 元

联系电话：024-23284360
邮购热线：024-23284502
E-mail: wly45@126.com
http://www.lnkj.com.cn

译者序

中国传统服饰是华夏先民在漫长的历史演进和时代发展进程中通过长期生产实践和社会活动创造出来的宝贵财富。它既是华夏文明的重要组成部分，也是世界文化宝库中的一颗璀璨明珠。中国传统服饰包含的内容极多，如礼仪、款式、纹样、材料、文化等，当然也包括最应引起重视却又往往被忽视的手工技艺，那些通过数千年"手工制物"所积淀的精湛技艺是中国传统服饰、中华文明的遗产。华夏民族对于"手工技艺"的迷恋与执着，通过阅读本书可见一斑。

英国维多利亚与艾尔伯特博物馆（V&A）对该馆收藏的大量中国传统服饰藏品进行了系统的整理和研究，由研究员、亚洲部的策展人陈秀芳女士主笔，著名摄影师莎拉·邓肯摄影，将极其精美、难得的藏品和丰富的细节于书中呈现，展示了中国传统服饰所拥有的复杂款式、精美的刺绣工艺、独特的色彩、华丽生动的图案，以及各类手工技艺。其中许多服饰工艺细节的精彩程度让人叹为观止。该书从"头饰""领肩""袖子""褶饰""边饰""纽扣""刺绣""鞋靴"等细节入手，切入点虽微小，但呈现的文化价值却极为宏大。这些细节所展示的民族文化、视觉美感、高超技艺极其丰富和精彩，是中国传统服饰数千年传承的基因要素和文化血脉。

本书撰写思路极佳，既有宏观构建和整体展示，也强调细微视角和局部特写，二者的切换完美呈现了中国传统服饰文化的丰富性和独特性。从中我们可以看到中国精湛的传统技艺，如竹编、染色、缂丝、刺绣、点翠、绒花等；使用材料的丰富性，从竹、草、木、骨到宝石、金银、孔雀羽等；民族的多样性，如汉、满、苗、维吾尔、彝等民族的传统服饰反映出的民族文化；代表中国人民对美好生活的期待和向往的吉祥文化，如平安富贵、子孙满堂、步步高升、国泰民安……作者陈秀芳女士用专业、翔实的文字对每一件服饰给予介绍和解读。除了大量的细节照片，书中还配有极具历史感的插画，让读者更直观地感受中国传统服饰的沿革演变。

全书分为8章，约30万字，内容精美，史料性强，本人认为该书具有极高的文化价值、艺术价值和欣赏价值，同时也受辽宁科学技术出版社王丽颖编辑的邀请，遂与北京服装学院研究生高瑞、意大利米兰理工大学博士生吕金泽共同承担了该书的翻译工作。我们花费了大量的时间，精心地推敲和琢磨，力求精准表达原意的同时，让译文流畅自然、通俗易懂。相信这本书能够带领读者了解和学习中国传统服饰文化，从而更加热爱中国传统文化，增强民族自信，在世界舞台上书写属于中华民族的辉煌篇章。

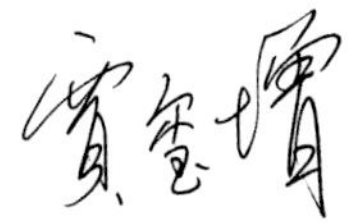

清华大学美术学院博士生导师
清华海澜中国传统服饰与色彩研究中心副主任

写于清华大学美术学院

好鳥枝頭亦朋友
落花水面皆文章

目录

民

引言

在中国古代，服饰一直是用来彰显和规范人们身份的象征符号。据周代（公元前1046年—前256年）《礼记》和《周礼》等古代礼仪典籍记载，服饰款式、色泽和质料根据穿着者的身份而有所不同，且有着严格的规定。例如《礼记》中记载，戴官帽既是古代贵族的身份象征，也是文明礼仪的重要标志；而使用梳子、发簪等配饰将头发梳成髻，也被视为一种用于区分阶级、性别的社交礼仪。

战国时期（公元前475年—前221年）记载，男孩成年之际需行"冠礼"仪式，女孩行"笄礼"仪式，以示他们长大成人。在商代（约公元前1600年—前1046年）和周代，骨是制作发笄最常用的材料之一（见39页）。商王武丁（公元前1250年—前1192年）的王后妇好是一位杰出的女军事家，在她的墓中出土了几百枚骨笄；今河南省安阳市是古时商代的都城，在此发现的其他王室墓葬中也出土了类似的骨笄。这些出土文物表明了骨笄在当时社会和服饰礼仪中的重要性。

除古籍资料外，古代墓葬中发现的陶俑、壁画和纺织品等文物也进一步为中国早期服饰的研究提供了实物资料。这些殉葬品与墓主人一起下葬，因为古人相信对待逝去的人应该事死如事生，希望他们死后也过着和生前一样的生活，所以会制作陶俑、食物、炉灶、士兵、马匹和马车等陪葬品。许多陶俑造型逼真，生动地展示了十几个世纪以前的人物服饰和时尚变化。

自1863年以来，英国维多利亚与艾尔伯特博物馆(V&A)致力于收藏中国传统服饰，现已成为中国以外最重要的收藏馆之一。本书囊括了两千年以来的中国时尚，颂扬了中国服饰的多样性，并向这些艺术品背后所展现的工匠精神致敬。书中所介绍的服饰包含中国各民族和各社会阶层所着之服。这些服饰按主题划分，上起于冠帽头饰，下到鞋靴，均配有精美照片，展示了中国自古以来典雅多姿的服饰之美，并介绍了中国古人服饰制作的技艺和礼仪规定。书中服饰部分出自宫廷，部分来自民间，展示所有服饰的目的只有一个——向世界展示中国服饰之美。

中国早期时尚

深衣是汉代（公元前206年—公元220年）时期流行的主要服饰之一。深衣呈"T"字形结构，袖身（袂）宽大、袖口（祛）紧窄。交领且右衽，前襟合拢呈"y"字形领口。据文献记载，深衣是士以上阶层之常服，士人之吉服，庶人之祭服。贵族阶层礼服的衣袖更为宽博，用精细丝绸所制。日常服饰则更为实用，男、女上身均着较短的上衣，称为"襦""衫"，下身着袴、裈、裙。女性的裙子通常在腰部以下打褶，这样可以增加下肢的活动空间，方便劳作。

对页图

协和贸易公司日历海报。中国，1913年—1914年（局部，作品全貌见105页）

下图

妇女像。彩绘陶，中国西汉，公元前206年—公元8年。由艺术基金会、瓦伦汀遗产、珀西瓦尔·大卫爵士及大学中国委员会资助购买。C.924 -1935

在汉朝时期，中国是一个统一的国家，也正是在这个时期，开始了东西方文明交流之路，即“丝绸之路”。中国的丝绸和其他商品从都城长安（今西安）出发，穿越中亚到达中东，再通过海路运往欧洲。这些古代贸易路线在连接亚欧大陆的同时，在东西方文化交流方面也发挥了重要作用，特别是扩大了欧洲对中国丝绸的消费需求。

中国的社会、经济、政治和文化的变化反映在其服饰上。从隋代（581年—618年）到唐代（618年—907年），中国在经历了三个世纪的政治分裂后实现统一。丝绸之路沿线的贸易蓬勃发展，吸引了约100万外国人来华，其中半数居住在长安。在唐朝的统治下，长安成为一个繁华的国际大都市，而唐代也被称为中国的“黄金时代”，是中国历史上最繁荣的朝代之一。这一时期的中国对外来文化兼容并蓄，例如服饰、发型和妆容，甚至包括纺织面料等，都显示受到了胡人骑射文化的影响。

墓葬中出土的陶俑是唐人对美和时尚追求的缩影，同时也揭示了“胡服”的含义，即“北方游牧民族”或“胡族”的服饰。7世纪流行这样一种时尚风格：人们喜好穿着小袖短襦，裙腰提高至胸部，外套半臂，并搭配披帛。妇女们开始梳高发髻，甚至会在头顶上装饰假发，以此来满足她们对造型愈加夸张的追求。贵族妇女会用金银制成的梳子和发簪装饰她们的发型（见38页），有时还会插上真花或人造花。

左下图

牵手女俑，彩绘陶，中国北魏时期，400年—525年。由艺术基金会、瓦伦汀遗产、珀西瓦尔·大卫爵士和大学中国委员会资助购买。C.865-1936

右下图

侍女俑。彩绘陶，中国，625年—700年。由W.W.辛普森先生通过艺术基金会捐赠。C.1180—1917

对页，左上图

抱犬贵妇俑。铅釉陶器，中国唐代，700年—750年。由艺术基金会、瓦伦汀遗产、珀西瓦尔·大卫爵士和大学中国委员会资助购买。C.815-1936

对页，右上图

仕女骑马俑。铅釉陶器，中国唐代，700年—750年。由艺术基金会、瓦伦汀遗产、珀西瓦尔·大卫爵士和大学中国委员会资助购买。C.95-1939

对页，左下图

胡人俑。铅釉陶器，中国唐代，700年—750年。C.117-1913

从7世纪到8世纪初，长安街头随处可见身着胡服的男女。唐代的宫廷贵女间也流行着男装胡服，其特点是经典的合身长袍，长而紧的袖子，前襟可以系合，也可以打开成翻领。长袍内穿合裆长裤，通常搭配及膝长靴。这种服装特别适合骑马、打猎和打马球等运动，唐代女性钟爱这些运动，这样的服饰相比于传统服饰更便于活动。

武则天（690年—705年）是一位在政治上拥有空前权力的女性，也是中国历史上唯一一位女皇帝。她原是唐太宗（626年—649年）的才人，后进入唐高宗（649年—683年）的后宫，并在其重病期间逐渐掌控政权。尽管后人对武则天的评价褒贬不一，但事实证明她是一位颇具才能的统治者，在她执政期间曾推行了许多重要改革。这些改革包括推广科举制，知人善任、任人唯贤；她还劝课农桑、巩固边防、支持妇女权利等，这些功绩都值得称赞。

尽管在中国早期，引领时尚的往往是贵族阶层，但到了8世纪，女性服饰的发展受到了乐舞服饰的影响。舞蹈和音乐是长安社会生活的重要组成部分。当时最流行的舞蹈之一是“胡旋舞”，这是一种由中亚粟特人引入的舞蹈。粟特人是现代乌兹别克斯坦和塔吉克斯坦的原住民，自4世纪以来一直在中国从事贸易，他们带来了异国的商品和奢侈品以及他们的艺术和习俗。粟特人的舞蹈服饰对中国女性服饰中又长又窄的垂袖所产生的影响是显而易见的。在这一时

期，女性的审美也发生了变化：从以纤瘦为美转变为追求自然丰腴的体态。唐玄宗（712年—756年）的宠妃杨贵妃身材丰满，备受人们的推崇和模仿，丰腴一度成为一种时尚。

8世纪上半叶，花卉图案成为纺织品设计的新趋势，受到贵族女性的青睐。其样式主要以圆形团花为主体，周围绕以较小的花簇，是古波斯萨珊王朝(224年—651年)最为流行的花纹，在丝织品、银器和陶瓷上均有应用。随着染色技术的进步，使用更经济的防染法在丝绸纺织品上制作图案的工艺开始普及。这种工艺被称为“夹缬”，最早出现于公元4世纪至5世纪期间，是将折叠好的织物夹在两块凹形雕刻木板之间，木板上有凹槽，使染料能够渗入丝绸。夹缬特别适合用于给轻薄的平纹丝织品制作图案。

这些早期的服装款式为中国服饰在一千年后的发展奠定了基础。纺织品消费和技术革新促使新的设计和材料越来越精细考究。到了宋朝（960年—1279年），通过缂丝技艺制成的丝绸成为中国最珍贵的纺织品之一。此时丝绸仍然是贵族阶层的专属品，但棉花的种植已开始普及，并逐渐取代麻和苎麻成为普通民众服装的主要材料。

左上图

带有花卉图案的残片。夹缬平纹绢，中国敦煌，700年—900年。斯坦因纺织品借展藏品。由印度政府及印度考古调查局出借。LOAN:STEIN.544, 592

右上图

贵妇俑。彩绘陶，中国唐代，750年—800年。FE.47-2008

上图

为粟特官员制作的石棺上的舞蹈场景。大理石雕刻，中国北部，550年—577年。由艺术基金会、瓦伦汀遗产、珀西瓦尔·大卫爵士和大学中国委员会资助购买。A.54-1937

明朝以后

明朝（1368年—1644年）的缎织丝绸技艺高速发展，织造的丝绸表面柔顺、富有光泽，并主要用于服装制作。从15世纪开始，中国的丝绸生产集中在长江以南的地区。京城以外的主要御用丝绸作坊位于苏州、杭州和江宁。“龙袍”是一种绣有龙纹和吉祥纹样的服饰，在明、清（1644年—1911年）时期被应用到王公大臣的朝服中。袍身前后缀有代表官阶的补子，其上织绣图案，文官绣禽，武官绣兽（见166页）。

商业刺绣作坊在晚明时期蓬勃发展，刺绣成为创造丝绸图案的主要媒介。雕版印刷书籍中的图案为面料的设计提供了基本的图案参

下图

一品皇贵妃龙袍。《皇朝礼器图式》手稿其一，绢本设色，中国北京，1736年—1795年。869-1896

对页图

未经裁剪的女袍用丝绸。由锦缎、丝线与金属线刺绣制成，中国，1850年—1900年。由斯宾克拍卖行捐赠。T.151-1961

考。这些图案来自自然、文学、绘画、神话和宗教等领域，主要用于装饰服装和饰品等。这些图案不仅反映出穿戴者的身份，也反映出特定的场合与用途。因为人们相信图必有意，意必吉祥，这些特定的图案寓意幸福安康，繁荣昌盛。

1911年的辛亥革命结束了中国最后一个帝制王朝，此后开始出现适合新时代城市精英的时尚风格。年轻女孩喜欢穿着比较现代化的服饰鞋袜，她们喜欢选用装饰元素较少的西方面料来展现自己的时尚品位（见68、105和126页）。

20世纪二三十年代，一种名为旗袍的新型服饰在上海兴起。旗袍是在满族旗袍的基础上改良而成的，并受到女明星和女性知识分子的追捧。到20世纪中叶，人们普遍认为旗袍是中国的传统服饰，在香港和海外华人社区广受欢迎。1978年改革开放之后，旗袍逐渐重新流行起来，主要在迎宾的礼仪场合，或婚礼、国家活动等重要场合穿着。

上图

郑曼陀（1888年—1961年）双美图海报。彩色平版印刷，中国，约1920年，FE.487-1992

对页图

裁缝画像。纸本水墨设色，中国广州，约1790年，D.1516-1886

从量体裁衣到成衣制造

在历史上，中国裁缝多为男性，他们一般在自己的裁缝店里工作，或带着裁缝工具上门为客户服务。服装定制是否合身往往取决于裁缝的量体技术。在测量时，裁缝还会记录下顾客的体态、松量或肩部形状等细节，他们会在制作成衣时将这些细节都处理好。中国有个成语叫作“量体裁衣”，比喻根据实际情况办事。这个典故正是源于明代一位裁缝大师的故事，他会向客户询问诸多有关他们生活方式的问题，以便裁剪出完全合身且能满足客户需求的服装。

缝制一件下图中裁缝所穿的“T”形中式长袍，需要用五幅面料制作衣身和袖子。二幅面料用于裁剪衣服的两半，包括前身、后身、衣身与袖子相连的部分和领口。两只袖口和右侧衣襟则用窄幅面料缝制。裁缝在裁剪前会直接在面料上用粉笔画出版型的结构，通常会在裁剪边缘涂上米浆以防磨损。这样的服装肩部没有接缝，只有背部中央有一条垂直的缝，将两幅布连接在一起。重叠的部分则在前胸中部

与衣服的其他部分相连。最后，将长袍在肩部水平对折，侧缝延伸至袖子下方，将前后片连接起来。在缝制过程中用熨斗熨烫，可确保缝制整齐细致。熨斗最早出现在汉代，是一个带有长柄的铸铜锅，里面装满了热炭。这种熨斗的原型一直沿用到20世纪初。在19世纪，有些熨斗的金属锅更为华丽，由装饰有花卉图案的彩色珐琅制成。

到了清代，专业的丝绸作坊开始生产饰有预制图案的织物。先通过编织或刺绣制作图样（见113和166页），裁缝根据服装图样进行裁剪，并将其缝合在服饰上。虽然制作服饰的时间缩短了，但这些饰有预制图案的面料较为昂贵，大多数人仍无法负担。然而，通过这些织物我们可以看到丝绸作坊为促进成衣标准化所做出的努力。

批量生产的成衣起初主要供当地消费，但后来也出口到海外，以满足生活在东南亚的海外华人的需求。下图中可见右侧的黑色招牌上刻有“成衣”字样，表明该店出售成衣。左侧的店招绘制成女式长袍的样子，是用于贩卖二手服装的“估衣铺”，许多有钱人将旧衣或过时的衣服送到店里进行二手交易。估衣铺不仅出售旧衣，还出售成色稍差或用剩余布料制作的新衣。有时他们还充当当铺的角色，为旧衣估价并依据价值发放贷款。19世纪，二手服装贸易蓬勃发展，在中国时尚产业的发展中发挥了重要作用。

对页图

女裙面料上的刺绣图案。由丝绒、丝线刺绣制成，中国，约1900年。约翰·伯内特·吉克先生捐赠。T.3B-1914

右图

周培春画坊（经营于约1880年—1910年间）所绘的店招画。画册页面，纸本水墨设色，中国北京，约1900年。E.3162-1910

汉服与Z世代

进入21世纪，中国成为世界上经济增长最快的国家，并已成为世界上最大的服装生产国和出口国。此时，消费者广泛接触全球的时尚，在“00后”的带领下汉服迎来了复兴。中国有56个民族，其中一些少数民族会在传统节日期间穿着传统民族服饰，以彰显节日气氛和民族身份。

这股新潮流始于21世纪初千禧一代发起的亚文化活动。他们以在公共场合穿着汉服为荣，并组织汉服活动，复兴中国传统文化。起初，这些服装主要由手工制作，或从汉服爱好者那里购买。后来，随着互联网的发展，人们可以通过网店便捷地购买各类汉服。近年来，注重时尚的Z世代通过社交媒体大力宣传汉服，对时尚界和国家经济产生了重要影响。

下图
“汉洋折中”造型。花神妙，中国

对页图
绝设天玺系列新中式喜服，绝设集团，中国苏州，2022年

Z世代通常指1990年—2010年出生的一代人。当时仍在实施独生子女政策，他们在经济飞速发展的时代中成长。Z世代的年轻人敢于尝试，即使汉服被认为不适合日常穿着，他们依然以充满乐趣和实验精神的心态对待汉服，日益增长的文化自豪感和文化自信促使Z世代重新审视和欣赏自己的传统文化，并将汉服作为一种表达文化身份的象征，而不是盲目崇拜西方的奢侈品牌。他们在中国传统节日或婚礼等正式场合穿着汉服，有些人甚至喜欢在日常生活中穿着汉服。如今，汉服款式多样，老少齐全。汉服的流行已经转化为一个经济增长点，从服装售卖延伸到美妆产品、影视、动画、游戏以及文旅博物馆等相关产业。

虽然Z世代将大部分业余时间花在网络上，但是他们也喜欢线下的大型社交活动，例如汉服节。在这种活动中，他们会穿上精美的汉服，配上复古的妆容、发型和饰品。另一种在Z世代间流行的社交活动是cosplay（角色扮演），即装扮成虚构人物，角色灵感来自游戏、漫画或武侠小说。武侠小说是一种虚构的关于中国古代侠客的冒险故事，扮演者装扮成武侠角色，将古代服饰与武侠精神相结合。这些个性化服装让cosplay玩家变身为心目中的角色，获得身临其境的体验，暂时改变了他们的日常身份。

越来越多的设计师加入了汉服复兴的行列，为汉服注入了新的活力。创作出一些适合日常穿着的服装款式，它们被誉为“新中式”风格。当代以传统风格为灵感的服饰为穿着者提供了自我表达的空间。它继承了传统服饰的元素，并加以改良，以适应现代的生活方式，马面裙就是其中的典型代表。马面裙是汉族妇女的百褶裙（见98、101页），它不断被创新设计，并与现代衬衫和饰品搭配，成为日常服装的一部分。

Z世代追求个性自由的想法还体现在独特的“汉洋折中”造型上。“汉洋折中”指的是将中西元素巧妙结合，如将经典复古的西式服装与古色古香的汉服混搭，形成一种兼收并蓄的美学体验。柔和色调的服装、鲜花、珍珠和帽子都能让人联想到轻松浪漫的田园氛围。越来越多的年轻新人喜爱中式婚礼，他们会选择传统中式服饰或以汉服为灵感的“新中式”喜服。此外，还有中性汉服和宠物汉服，均为当代以汉服为灵感的设计类型。

中国服饰并不像人们通常认为的那样一成不变，它一直在不断演变，从传统中汲取灵感和技艺，创造出新的时尚。本书让我们清晰地看到服饰的发展变化，尤其是那些易被忽视的细微之处。

对页图

“揽星河”和“春风客”，白雪设计，拟梦汉服，中国，2021年

第一章 头饰

斗笠(douli)

由竹子、竹叶、藤条、桐油制成，中国香港，1950年—1980年，英国维多利亚与艾尔伯特博物馆(V&A)之友捐赠。FE.185-1995

类似这样的宽檐帽被称为斗笠。农民、渔民和佛教僧侣都戴着它遮阳避雨。这种斗笠是由两层竹网结构组成的，三组竹条以60°的夹角编织成六角形图案。

竹编是中国南方的一种古老工艺。在南方，适宜的温度和湿度都为竹子的生长提供了有利的条件。竹子富有韧性，在编织过程中较容易操作，便于压制或编织成圆锥形，让雨水轻易地顺着帽檐边缘流走。匠人在帽冠内插入一个圆形的竹制支撑物，以确保帽子与头部紧密贴合。制作的最后一步是在外部涂上桐油，以达到防水效果。

这顶帽檐下垂的斗笠是中国南方沿海渔民佩戴的典型样式，他们自称为“水上人家”。宽而倾斜的帽檐能很好地遮阳。与对页展示的那种斗笠相比，这种帽子不容易被狂风吹坏。斗笠顶部编织着一个类似八卦的八角形图案，是保护佩戴者在海上免受伤害的护身符。

垂边竹帽

由竹子、藤条编织而成，中国香港，1950年—1978年，英国维多利亚与艾尔伯特博物馆(V&A)之友捐赠。FE.183-1995

这种女性佩戴的帽子被称为风帽，在寒冷天气出行时与斗篷搭配穿戴。它有一个大而圆的帽顶，用于保护精致的发型。修长呈弧形的后部装饰有蓝色丝线编织的网结和流苏。鲜艳的洋红色丝绸给帽子增添了浓烈的华丽感。它很可能是由19世纪70年代末从欧洲进口的最早的合成染料染色而成。帽子上绣有各种鸟类、蝴蝶和花朵，寓意佩戴者长寿、美丽。

这个风帽曾经属于乔治五世（1910年—1936年在位）的王后——玛丽王后（1867年—1953年），她热衷于收藏各种饰品，其中就包括许多来自中国的藏品。

风帽(fengmao)

由缎纹丝绸、丝线和金属线刺绣制成，中国，1875年—1900年，玛丽王后捐赠。T.109-1964

身着冬装的女子

纸本水墨设色，中国广州，1800年—1830年。7879

维吾尔族妇女的面纱

由棉线、丝绒、银饰、金属线刺绣制成，中国新疆莎车（叶尔羌），约1873年。2141(IS)

中国新疆叶尔羌街景（局部）

图书插图，平版印刷，托马斯·爱德华·戈登绘制，1873年，载于托马斯·爱德华·戈登所著《世界屋脊》，爱丁堡，1876年，海德堡大学图书馆

这件华美的全脸面纱（正面如右上图所示）应是由19世纪末维吾尔族的贵族妇女所佩戴，它是英国驻印度行政长官托马斯·道格拉斯·福赛斯爵士（1827年—1886年）于1873年第二次考察新疆时获得的藏品之一。托马斯·爱德华·戈登爵士（1832年—1914年）是福赛斯的副手，他的素描描绘了他们在旅行中看到的当地“时尚冬装”。

已婚的维吾尔族妇女一般将头发梳成两条辫子，头戴有水獭皮镶边的帽子，帽子下面还会罩上大块的白色薄纱方巾。在公共场合，她们用面纱遮住脸部，但在骑马时会将面纱撩到帽子上，以保证视线清晰。抽纱绣是通过简单地拉扯、缝合经线与纬线，以产生小孔，从而制造镂空效果。与大多数刺绣不同的是，抽纱刺绣的针脚通常会被隐藏起来。面纱由四条流苏系带固定，饰以各种金属线结，其中包括两个相当复杂的盘长结，其间穿插着天鹅绒和银制的珠子。

这顶流苏球形帽类似于维多利亚时期绅士的吸烟帽，应是新疆哈密市（库木勒）的贵族妇女所戴的冬帽。哈密位于新疆东部，与中原地区交往密切，当地王公贵族曾向清朝纳贡。哈密服饰上的图案灵感主要来自大自然，以及当地传承下来的传统纹样，有时也借鉴包括汉文化在内的其他民族文化。

这顶帽子采用密铺绣和贴线绣工艺，使用银线和黄色丝线在水蓝色天鹅绒面料上绣出飞舞的蝙蝠和石榴，绣工繁复。蝙蝠在中国是幸福和吉祥的象征，而石榴是当地的一种水果，也是维吾尔族刺绣的常用图案，象征“多子多福”。刺绣者展现了其创造力和对细节的一丝不苟，用贴线绣在飞翔的蝙蝠翅膀上加入了更多的针脚，形成了菱格图案。

维吾尔族妇女的帽子

由丝绒、金属线刺绣制成，中国新疆，约1873年。2067(IS)

哈密女性摄影

中国新疆，阿道夫-尼古拉·埃拉兹莫维奇·博亚尔斯基摄于1875年，巴西国家图书馆基金会

维吾尔族女式朵帕（doppa）

由丝绒、玻璃珠、亮片、棉线和金属线刺绣制成，中国新疆维吾尔自治区，约1980年，维利蒂·威尔逊捐赠。FE.16-1983

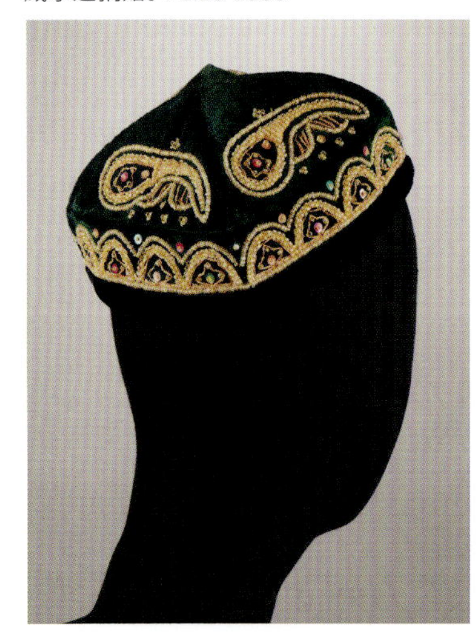

维吾尔族人将朵帕（花帽）作为日常服饰的一部分。朵帕在伊斯兰宗教活动中起着重要作用，同时也是文化身份的象征。这顶帽子的帽顶由绿色丝绒制成，上面绣有彩色亮片、金线和黄线缝制的透明玻璃珠，珠子也因此呈现出金色。帽子顶部有四个大的巴旦木图案，每个图案都呈弯曲的泪滴状。巴旦木是波斯语，意为杏仁，是一种原产于中亚和新疆的植物。这种图案经常被用于当地地毯和纺织品的装饰之中。维吾尔族男子常戴着这样的黑色帽子，上面绣有白色巴旦木，也被称为巴旦木朵帕。

根据帽子内侧的标签，我们得知这是一顶女帽。捐赠者于改革开放不久后的1980年，在乌鲁木齐买下了这顶女帽与另外两顶帽子（见对页图）。

帽子是维吾尔族传统服饰中最精致的部分之一。其装饰因地区、性别、年龄和职业不同而有所差异，因此，它也是一种辨别佩戴者身份的标识，如年轻女性多戴彩色的朵帕。图中帽子的下方是方形的，不戴时可以折叠起来。它由四个三角形板块组成，每个板块上都用红色系和蓝色系的棉线绣制了相同风格的玫瑰图案，在绿色背景的衬托下，形成鲜明轻快的对比效果。这种帆布刺绣工艺使织物表面呈现出犹如平织地毯般的质感。

维吾尔人称这种帽子为“塔什干朵帕”（tashkent doppa），其起源可追溯到乌兹别克斯坦首都塔什干流行的一种帽子样式。现在，这个词已成为一个通用术语，用来描述采用斜针刺绣的几何花纹花帽。

维吾尔族女式塔什干朵帕(tashkent doppa)

由丝绒、棉线刺绣制成，中国新疆维吾尔自治区，约1980年，维利蒂·威尔逊捐赠。FE.17-1983

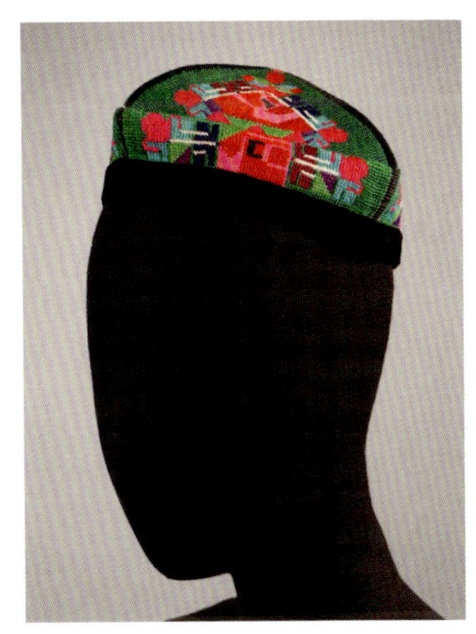

钿子(dianzi)

由鎏金铜合金、翠鸟羽毛、宝石、玻璃、珍珠仿制品、丝网、藤条制成，中国，1860年—1900年，詹妮弗·巴克夫人捐赠。M.118-1966

这种马蹄形头饰被称为钿子，是妃嫔在礼仪场合佩戴的。这种马蹄造型也出现在宫廷服饰的袖口和鞋跟上，是满族骑射传统的遗留痕迹。钿子的正面饰有十二个花卉图案，每个图案都点缀有翠鸟羽毛、仿珍珠、天然宝石和玻璃仿真宝石。背面饰有一朵大花，两侧有两只凤凰和一只蝴蝶。所有这些饰品都用螺旋弹簧固定在头饰上，使它们能够随着佩戴者的移动而颤动，类似于18世纪巴黎流行的颤动式珠宝。

到了18世纪晚期，天然珍珠产量告急。为了满足需求，人们从欧洲进口，或是在广东采购仿制珍珠。这个钿子使用了三种仿制珍珠，第一种是珍珠状玻璃泡，其内部涂有一种由鱼鳞粉制成的物质，也被称为“珍珠箔”；第二种与第一种类似，不同之处是将珍珠箔涂在玻璃泡外部；第三种则是涂有珍珠箔的蜡珠。

中国已婚妇女通过佩戴抹额来表示她们的婚姻状况，这些抹额有的是手工自制，有的则是购买而来，作为结婚的嫁妆。已婚妇女习惯将头发在脑后挽成发髻，由于这种发型会导致发际线后移，所以中年妇女会在额头上佩戴抹额，既保暖又美观。

这款抹额中间较窄，两端分别绣有花朵图案。彩色缎面滚边勾勒出弧形轮廓，使这款简洁的抹额显得格外精美。

抹额（mo e）

由暗花缎、丝线刺绣制成，中国香港，1910年—1960年，英国维多利亚与艾尔伯特博物馆（V&A）之友捐赠。FE.170-1995

出售窗户镶板彩绘纸的商贩

纸本水墨设色，中国北京，1885年，周培春画坊（经营于约1880年—1910年间），D.1588-1900

簪(zan)

材质为银，采用錾刻、镂刻及局部鎏金工艺制成，中国，618年—907年，艺术基金会、瓦伦汀遗产、珀西瓦尔·大卫爵士和大学中国委员会捐赠。M.62&A-1935

唐代是金银发饰制作工艺的鼎盛时期，工艺与风格都有受到波斯和萨珊金银器的影响。这两支簪子是用银片打制而成的，簪顶装饰采用镂空工艺：其中一只簪子上有一头狮子在卷叶中咆哮；而另一只簪子上一只飞鸟与十字图案相映成趣。两个图案的周围都饰有边框，图案区域的鎏金工艺进一步增强了图案的质感，这种工艺还能保护银器表面，防止氧化，免于失去光泽。

随着女性发型变得愈发高雅精致，新型发饰也应运而生。皇室和贵族妇女戴着假发髻，发髻上装饰着精致的银簪，让人眼花缭乱，印象深刻。发簪的尺寸也明显增大，长度从20厘米到35厘米不等。佩戴簪子的数量也表明了佩戴者的社会地位。

这支骨笄上雕刻着一只造型别致的鸟，是英国维多利亚与艾尔伯特博物馆(V&A)收藏的最古老的发饰之一。虽然男女都会佩戴发簪，但它最初的主人很可能是一名女性。在商代都城安阳的贵族女性墓葬中出土了许多类似的发簪。中国最早的文字是在这一时期发展起来的，丝绸也开始在全国各地广泛使用。

用牛、猪、鹿等兽骨制成的笄是当地作坊为贵族制作的奢侈品。在中国古代，笄是年轻女性成年的象征，以示她们已经到了嫁人成家的年龄。女孩从15岁起用笄将头发挽成发髻，标志着从童年到成年的过渡。

笄(ji)

骨雕，中国，公元前1100年—前1046年，艺术基金会、瓦伦汀遗产、珀西瓦尔•大卫爵士和大学中国委员会资助购买。A.51-1938

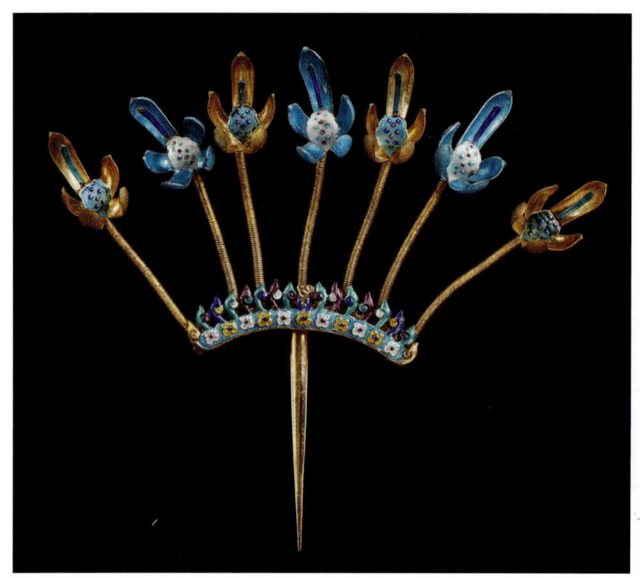

步摇（buyao）

由银鎏金、珐琅工艺制成，印“宝成”字样，中国，1880年—1883年，1265-1883

《女史箴图》局部

手卷，绢本设色，中国，400年—700年，仿顾恺之（约344年—406年）之作，伦敦大英博物馆

七朵兰花点缀着这支银鎏金珐琅发饰，每朵兰花都镶嵌在一个弹簧座上。这种发饰被称为“步摇”，意为“行走时摇动”，指佩戴者在走路时产生的颤动。据说，将“颤动”这种形式融入头饰设计的技术至少可以追溯到1500年前。它需要制作一些可活动的部件，这些部件通常以微妙颤动的花朵、昆虫或鸟类为造型，安装在铜丝弹簧圈上，以呈现逼真的拟态效果和精湛的手工技艺。

这种步摇在5世纪和6世纪成为宫廷贵女的时尚，给人高贵优雅之美。佩戴者迎风而立，步摇轻盈而灵动，正如《女史箴图》中描绘的两位宫女的场景所示。

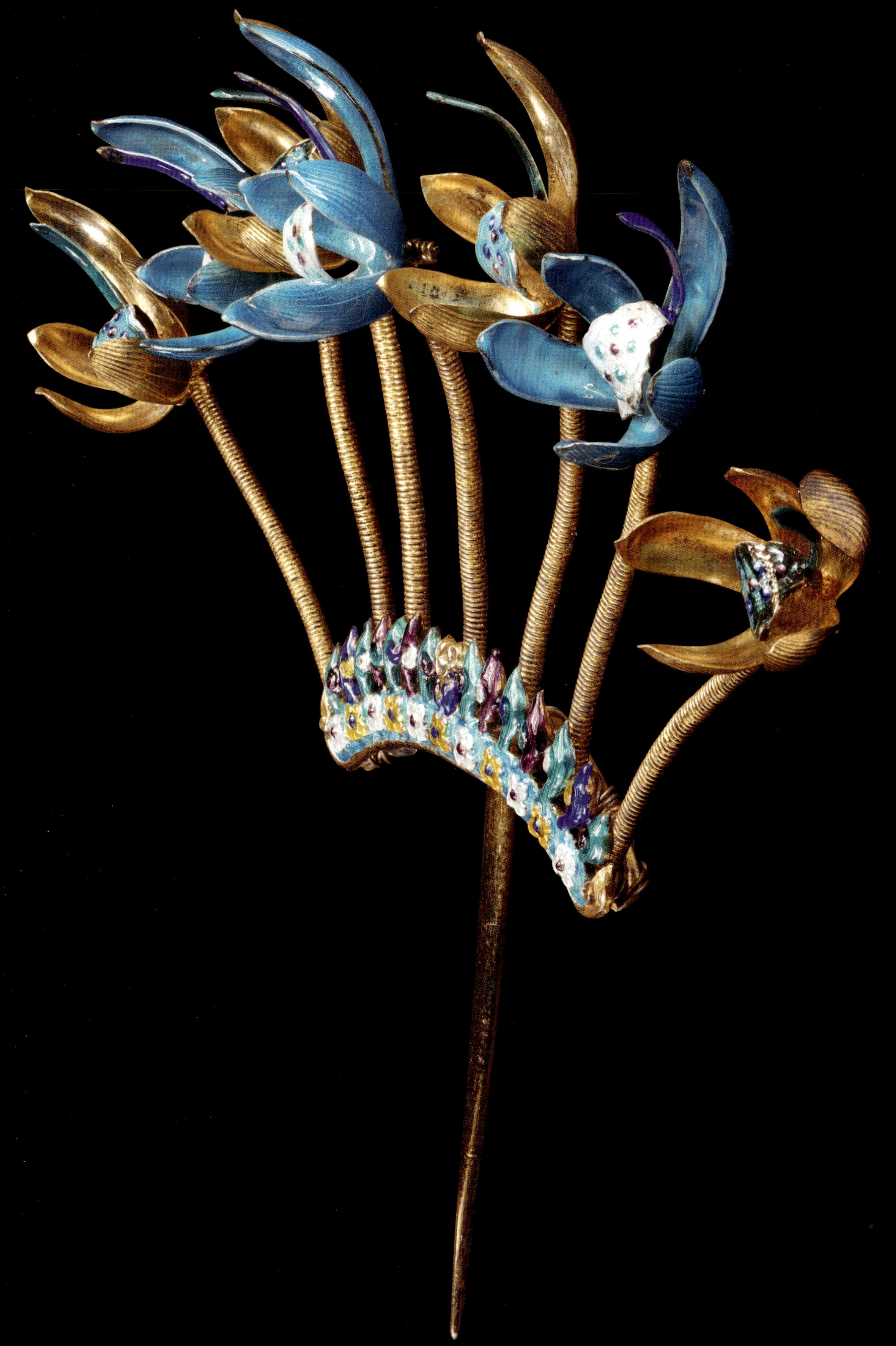

步摇(buyao)

由银鎏金、翠鸟羽毛、仿珍珠、玻璃珠、丝线制成，印有“宝成”字样，中国，1880年—1883年。1238-1883

工匠在银鎏金框架上粘贴翠鸟羽毛

纸本水墨设色，北京，1885年，周培春画坊（经营于约1880年—1910年间）。D.1652-1900

这款精美绝伦的发簪定会吸引无数目光。它是一款银鎏金的发饰工艺品，整体呈U形，工匠把颤动的装饰物包括蝙蝠、鸟类和花朵安装在金属弹簧上，内嵌有翠鸟羽毛。下方悬垂着网状装饰、仿珍珠串，尾部点缀着红色玻璃珠。像这样在金属上用翠鸟羽毛来制作头饰是中国独有的古老工艺，被称为“点翠”，即将翠鸟羽毛剪成小片，然后用胶水粘在塑形后的金属上以做装饰。

在18世纪和19世纪，点翠步摇因其独特的蓝色与轻盈灵动的造型受到贵族和富商女性的青睐。1883年，英国维多利亚与艾尔伯特博物馆（V&A）从阿姆斯特丹国际殖民地及出口展览会上买下了这枚引人注目的发簪。在当时的欧美，将羽毛装饰在女性的帽子和服饰上是最流行的装饰手法。

步摇（buyao）

由通草纸、黄铜、动物胶制成，中国，1850年—1875年。FE.48-2021

人造花

由平纹棉布、丝绸、木料制成，中国新疆米兰古城，300年—400年。从印度政府和印度考古调查局借展，LOAN:STEIN.628

这支颤动的步摇是用人造花工艺手工制成的。在18世纪的扬州，人造花行业繁荣发展，作坊曾雇用了数千名男女工人制作这样的工艺制品。人造花是用通草纸制成的，通草原产于中国大陆南方地区和中国台湾地区，将其茎髓旋切成如纸一样的薄片，古时用于书写绘画，现在俗称“通草纸”。白色的通草纸薄而脆，呈半透明状，受潮后变得柔韧，可以压制成各种造型，且干燥后仍可保持原状不变。它还易于染色，从而形成逼真的花瓣效果。

中国女性不论年龄和阶层，都有佩戴天然花朵或人造花的传统。佩戴通草花在当时非常流行，以至于在1723年设立了一个御用作坊，专门用于生产宫廷所用的通草花。

人造花在中国历史悠久，上图所示的人造花可追溯到公元4世纪，是奥雷尔·斯坦因爵士于20世纪初在中国西北部的绿洲小镇发现的。这些花朵由平纹棉布或丝绸制成，用木钉和线束制作花茎和花蕊。它可能是米兰佛教的信徒献上的供品。

步摇(buyao)

由通草纸、水彩、平纹棉布、亮片、黄铜制成，中国，1850年—1875年。FE.39-2021

卖通草花的货郎

纸本水墨设色，周培春画坊（经营于约1880年—1910年间）。D.1651-1900

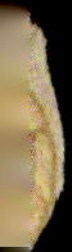

颤动的人造花和一只蝴蝶点缀着这款精致的步摇。工匠凭借巧思和对材料的深刻理解制作了这个步摇。他将一小部分通草纸染成粉红色，然后将其巧妙地切割成层层叠叠的花瓣；叶子由平纹棉布制成，其上涂了一层绿色的亮漆；蝴蝶则是用细铁丝和通草纸制成的，翅膀上还点缀了水彩和玻璃亮片。这种花与蝴蝶的组合在中国很受欢迎。

这支步摇此前由筹办1851博览会的皇家委员会借展给维多利亚与阿尔伯特博物馆（V&A）。它是现存为数不多的中国传统工艺通草花文物。上面这幅画描绘的是一个货郎售卖通草花的场景，一旁附有文字说明。

簪(zan)

由丝绸、铁丝制成，中国，1850年—1875年。FE.28-2021

手持扇子的女子

玻璃彩绘，中国广州，1800年—1850年。1150-1852

工匠使用绢丝制作了一束鲜艳的人造花和绿叶，形成了这款发簪。这种材料由蚕丝纤维通过非织造结构工艺制成，利用的是不适宜缫丝和纺纱的生丝。在竹席上经过煮沸、漂洗、打浆和干燥等工序后，最终制成一张薄薄的丝绸片，其质光滑如纸，因此被称为“绢片”或“絮片”。染色后，织物还会经过上浆处理，以提高附着力。上浆剂可以是琼脂、鱼胶，或是从小麦或大米中提取的淀粉，具体取决于当地有哪些原材料。

红色是代表幸福和吉祥的颜色。在节日、婚礼等特殊场合，人们会普遍佩戴红色人造花。为了制作出如此仿真的绢花，工匠们有时会使用干燥的天然植物材料来制作花蕊，并用冲压工具为叶子印上叶脉，看起来自然逼真。

簪(zan)

由丝绸、苎麻、铁丝制成，中国，1850年—1875年。FE.29-2021

兰花

水彩画，中国，1850年—1886年。D.987-1886

这款发簪的植物原型是兰花。兰花在中国已有数千年的栽培历史。自孔子（公元前551年—前479年）时代起，兰花就与君子的高洁和正直联系在一起，暗指即便生长在深谷中无人欣赏，但依然美丽芬芳。文人阶层对兰花的认同感逐渐增强，兰花也成为文人、画家喜爱的艺术创作题材。兰花还被用来象征女性真正的美丽。

这只簪子上的兰花与大片暗绿色叶子是用绢片（又称“絮片”）制成的。其上细长、硬挺的叶子是由苎麻纤维制成的。苎麻纤维取自苎麻的茎秆，苎麻是中国原产的荨麻科植物。匠人将荨麻皮及其附着的纤维从茎秆上分离下来制成苎麻条带，这种材料被广泛用于书籍装订和女帽制作上。

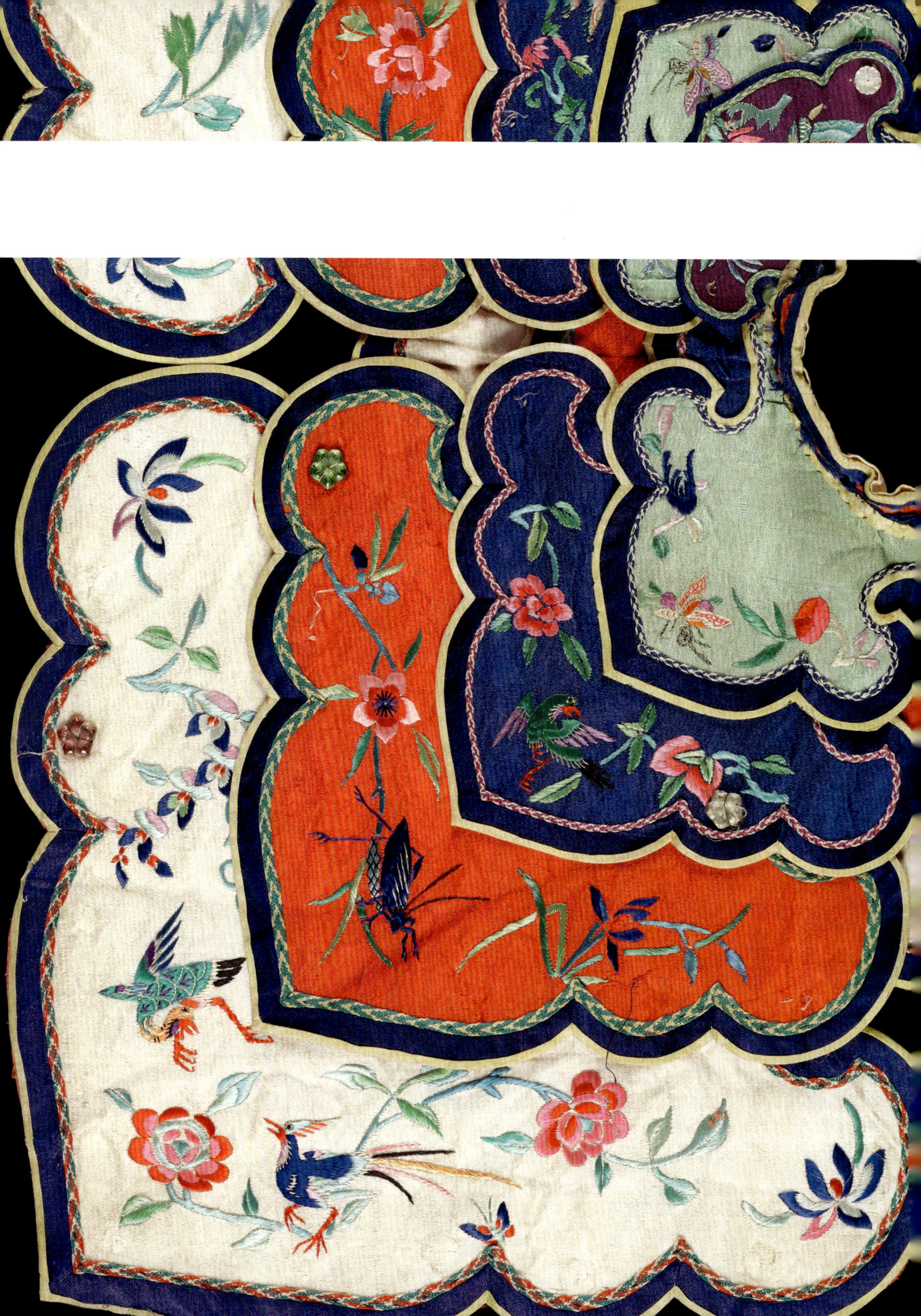

第二章 领肩

这件20世纪早期的儿童上衣采用了明代“袄”的样式。上衣前襟交叠，在衣身的右侧闭合，由一对系带固定。领口的交叠部分饰有一个精美的半如意云纹图案，寓意吉祥如意。领子采用绣有花朵的白色丝绸，边缘以较窄的斜裁冰蓝色缎带作镶边，袖口也有类似的镶边与领口呼应。袄的主体采用了鲜艳的红色，一种象征喜庆的颜色。袄身中央绣的图案是麒麟送子，表达了希望孩子聪明健康、官运亨通的美好祝福。

这件袄是在1915年制成的，是中国北方的一户人家送给友邻——来自欧洲的佩里姆一家的礼物。按照中国的习俗，亲朋好友通常会在孩子出生前向其家人赠送色彩鲜艳的衣服，庆祝佩里姆一家喜得千金。

女童袄

由缎织丝绸、丝线和金属线刺绣制成，中国山东济南，1915年。FE.12-1986

袷袢（qiapan）

由斜纹绸、丝线和金属线刺绣制成，中国新疆莎车，约1873年。2157(IS)

夹袍（jiapao）

由斜纹绸、丝线刺绣制成，中国，1821年—1850年，由艺术基金会资助购买。T.209-1948

新疆维吾尔自治区莎车县的富裕男子在重要场合会在引人注目的丝绸长袍外穿上这件淡绿色的袷袢。袷袢是中国新疆城市地区男女户外穿着的标准长袍。左上这件袷袢的剪裁带有浓郁的中亚风格，前襟没有扣子，袖子又长又窄，可以遮住双手，以示尊敬。

这件袷袢是由一件满族宫廷女士节庆时所穿的长袍（如右上图）改制而成。改动之处包括去掉了前襟的侧扣、加长了的袖子。加长的袖子采用了与原作相似的刺绣风格，绣有缠枝和花卉纹样，但采用的是锁绣，而非缎纹绣。领口和袖口的外侧绣有蝴蝶、石榴和牡丹，以金线为底，用彩色丝线绣制，更显荣华富贵。所有的镶边均以朵花纹绦来装饰。

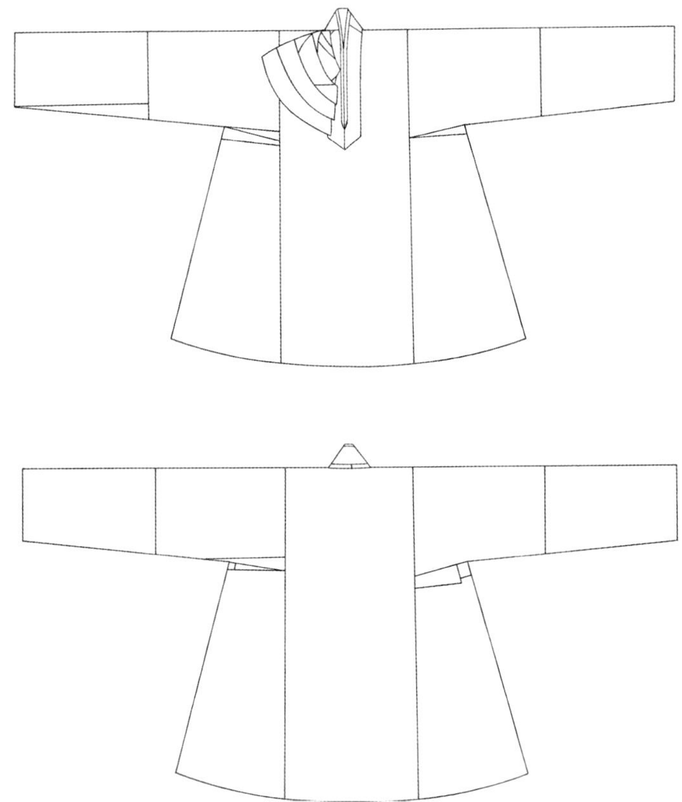

这件女式外衣由一条细长的蓝色刺绣丝绸制成，将丝绸披挂于肩，前后身面料垂至下摆，在颈部开口处做弧形设计。长而直的袖子与衣身相连，两个上窄下宽的扩片贴在袖子下面的腋窝处，扩大了胳膊的活动范围。带有红地金纹图案的丝绸来自印度，经过精心裁剪后制成四个弧形，做不对称设计装饰于领肩部。

这是和田已婚已育妇女所穿服饰，居宛托依是专为已婚已育妇女举行的一种荣誉仪式，授予母亲“居宛”的尊称。“居宛”意为已婚已育的妇女，“托依”意为喜事。弧形装饰的色彩也代表婚姻状况和财富水平。绿色或红色表示已婚妇女，黑色代表寡妇。对于富裕家庭，则使用印度织金锦。

维吾尔族女式服饰(kongnak)

由暗花缎、丝线刺绣制成，中国新疆和田，1800年—1900年，乔治·谢里夫上尉捐赠。T.31C-1932

苗族女式节日盛装

由平纹棉布、蜡染、真丝和金属线刺绣制成，贵州，1940年—1980年。FE.29-2004

生活在中国西南山区的苗族妇女会在节日穿上这件节日盛装，下配长裙，头戴精致的银饰。由于苗族文字失传，所以她们通过服装上的刺绣图案来讲述故事，苗族妇女以其精湛的刺绣技艺而闻名，将刺绣图案作为记录历史和文化的工艺与图形符号。

这件上衣的颈部和手臂上均饰有螺旋形的窝妥纹样，该图案与水崇拜有关。这些图案是用蜡刀绘制的。他们所使用的蜡刀有两片或多片扇形铜片，安装在竹柄上制成。将蜡涂在棉布上再染色，以此起到防染的作用。在靛蓝缸中对布料进行多次染色后，再将布料放入热水中煮沸除蜡，从而形成蓝底白花的图案。

云肩（yunjian）

由缎纹丝绸、模压玻璃珠、丝线和金属线刺绣制成，中国，1875年—1911年，穆里尔·卡彭特夫人为纪念埃比尼泽·曼恩牧师捐赠。FE.16-2006

清朝高官画像

纸本水墨设色，中国，约1800年。E.637-1911

“云肩”是新娘服饰的一部分，像披肩一样穿在红色婚袍外面。这种可拆卸的衣领最初是用来围在脖子和肩膀上的，以保护昂贵的丝绸服饰不被油腻的发油弄脏。在云肩上常绣有精美的图案，以搭配不同的衣服。

这类传统云肩的剪裁由四叶云饰组成，并由一条窄颈带系合。云朵图案的造型酷似左上图中官员手持的如意。如意代表着“如你所愿”，是中国人经常作为礼品赠送的吉祥饰物。此云肩五层面料上的刺绣图案包括花朵、蝴蝶、鸟和石榴，寓意吉祥如意、婚姻美满、多子多福。

汉族女袄（ao）

由真丝天鹅绒、丝线和金属线刺绣制成，中国，1875年—1900年，由托马斯·布赖恩·克拉克·桑希尔先生捐赠。T.201-1934

这件长及小腿的外套被称为“袄”，是汉族妇女冬季穿在百褶裙外的上衣。它由藏蓝色天鹅绒制成，衣身上散布着蝴蝶和各种花卉的剪绒图案。黑色缎面的云肩缝于衣身上，上有用彩色丝线和金线绣成的花卉和鸟雀，这是19世纪流行起来的一种新样式。衣襟、开衩和下摆的边缘均绣有与云肩呼应的图案。

专业的作坊会制作成套的衣领和边饰，作为女性服装的镶边。113页的镶边面料展示了这些镶边的制作过程。专业画师将设计好的图案描绘在丝绸上，供绣工参考。而后，裁缝会购买成码的预制刺绣镶边来装饰新款服装，或为顾客提供一种更便捷的装饰方法使服装焕新，更符合最新的时尚潮流。

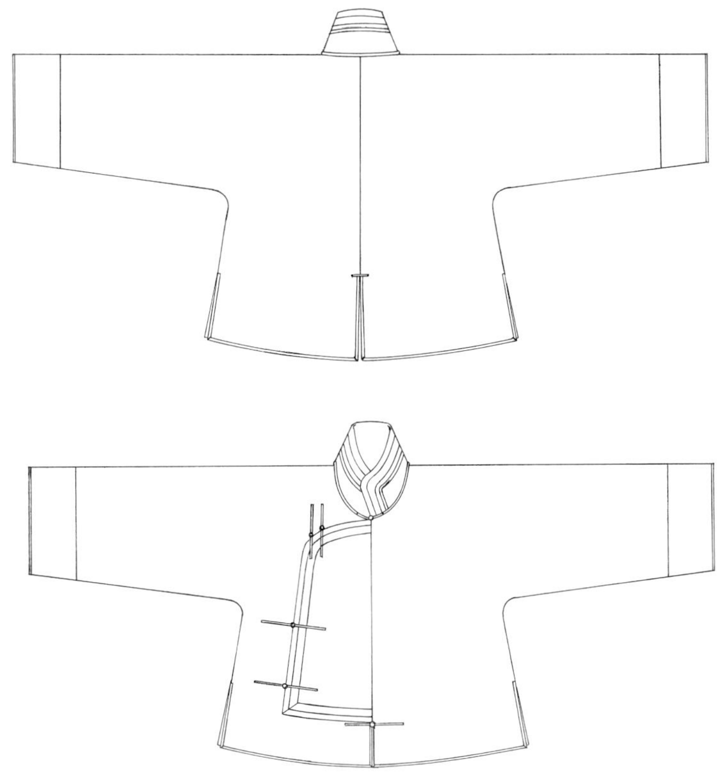

满族女式马褂（magua）

由真丝天鹅绒、缎纹丝绸制成，大连，约1909年，日英展览会专员捐赠。T.5-1911

这款有硬挺内衬的企领采用与衣身相同的面料制成，并于20世纪初开始成为男女服装的标准款式。满族妇女冬季会在长及脚踝的长袍外穿这样的马褂。从左至右的“L”形襟口也被称为“琵琶”襟口，因为它与中国琵琶的造型十分相似。栗色天鹅绒面料上织有丰富的绒花和玳瑁图案。整件衣服由黑色缎面镶边及手工盘扣装饰而成，内衬为淡蓝色丝绸。

这件马褂由英国维多利亚与艾尔伯特博物馆(V&A)于1910年在伦敦举办的日英展览会上购得。这次展览是日本帝国主义的一次展示，表明日本决心效仿欧洲列强，扩大自身的势力范围。当时，中国东北的辽东半岛被日本侵占，这块天鹅绒面料有可能就是在位于辽东半岛的大连生产的。

袄裤（aoku）

由提花纱织丝绸制成，中国香港，1911年—1915年，由英国维多利亚与艾尔伯特博物馆（V&A）之友捐赠。fe.53:1,2-1995

1911年中国最后一个帝制王朝清朝灭亡后，穿着如上图的袄裤套装标志着当代女性的解放。在受过教育的妇女、学生和追求时尚的明星中，这种服饰成为一种时尚。套装的贴身上衣长及大腿，领座高且外翻，形状酷似元宝，因此也被称为“元宝领”。这样的领子通常不系扣子，起到修饰脸形的作用，使穿着者的脸形更加优美。

这套袄裤采用浅灰色纱织丝绸制成，织有花卉图案，适合在春夏季穿着。所有的边缘都采用了白色的锯齿形花边，这种平整的编织花边是19世纪在欧洲兴起的，最初是用来修饰接缝和下摆的位置，而不是作为点缀。与64页袄上的刺绣边饰相比，锯齿形花边要窄得多，也不那么显眼。这些服装剪裁利落、线条流畅，让女性能够更加舒适，活动自如。

这件旗袍的领子特别高，是20世纪旗袍的一大特色。旗袍于20世纪20年代在上海兴起，由清朝满族人所穿的长袍改良而来。旗袍在杂志和广告中得到大力宣传，被视为年轻都市女性的时尚着装。她们穿旗袍时会搭配现代流行的烫发或波波头，穿丝袜和高跟鞋。

旗袍领口处有硬衬，以确保穿上后能保持挺拔；颈部缝有黑色蕾丝花边，衬托穿着者的面部轮廓。领口处三枚黑色盘扣有序排列，进一步突出了颈部和下巴的线条。蕾丝花边从欧洲进口，沿着领口的开合处延伸，顺着衣服侧边一直延伸到裙摆和袖口。整件旗袍紧身合体，侧边开衩方便活动，同时也增添了旗袍的魅力。

旗袍（qipao）

由印花真丝缎、蕾丝制成，中国，1930年—1940年，由克里斯特·冯·德·伯格捐赠。FE.16-1994

哈德门香烟的广告海报

彩色平版印刷，中国，约1930年，倪耕野绘（经营于20世纪）。FE.482-1992

第三章 袖子

汉族女袄(ao)

由暗花缎、丝线和金属线刺绣制成，中国，1870年—1900年，由F.特威曼先生捐赠。T.26-1958

这件女袄剪裁大方，袖子宽大，是汉族服饰的一个常见特征，象征着地位和财富。袖子背面与衣身的连接十分完美。袖口装饰有数条刺绣花边，其装饰风格各异，却在色彩、工艺和图案等方面与衣身相得益彰。

袄的袖口和衣身装饰着绣花图案，以白色丝线与金线绣成，使得整件衣服在视觉上更加统一。亮蓝色缎面的边饰绣制了动物、花卉等多种图案，与单色衣身形成鲜明对比（见对页）。除了刺绣花边，还有三条绣有图案的窄花边和一条黑色缎面斜裁镶边装饰在袖口上。袖子被剪裁成七分袖的长度，可露出里衣袖口上的装饰镶边。

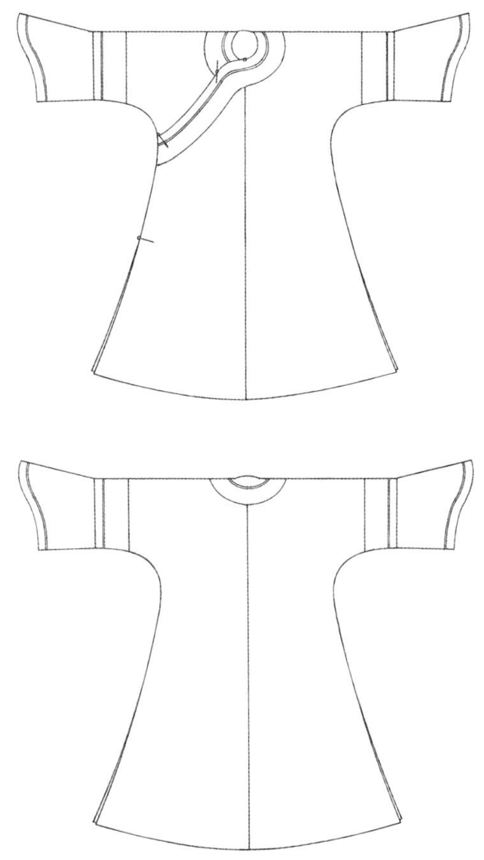

17世纪清朝建立后，这种带有刺绣和镶边的马蹄袖流行起来。满族人擅于骑射，这种袖形既便于握住缰绳，又可以保护双手。

这件夹袍袖口的材质与衣身部分形成鲜明对比。黑色缎面上有两条彩色丝绸刺绣花边，其上都绣有相同的蝴蝶和牡丹图案，但大小略有不同。边缘用金线编织成麻花辫并制成条状。长袍的其余部分由柔软的黄色绸缎制成，绣有淡蓝色和白色的花卉图案，与袖口相呼应。夹袍底部的斜线状纹样为立水纹，上升到起伏的大海和山石，也称为海水江崖纹。在整个18和19世纪，马蹄袖和下摆的海水江崖纹都是宫廷服饰的显著特色。

满族女式夹袍

由缎纹丝绸、丝线刺绣制成，中国，1736年—1820年，艾达·麦克纳顿夫人捐赠。T.52-1970

苗族女式节日盛装

由丝绸、棉布、羊毛面料、拼布、丝线刺绣制成，贵州，1910年—1917年，B.G.途尔斯先生捐赠。T.78-1922

对页的图片展示了中国西南地区苗族服装的袖子细节。整件衣服由丝绸、棉布和羊毛面料拼接而成，衣身部分还饰有精美的刺绣。苗族女子将平日剩余的一块块面料拼接加工，最后组成这件上衣。对她们来说，在白日劳作的间隙逐渐完成少量局部的工作，显然更容易一些。图中展示的服装是由三角形的素色棉布、黄斑抗染棉布和红色羊毛面料拼接制成的。红色、蓝色和白色布料拼接在三角形图案的末端，或指向袖口，或指向肩部。这件衣服应用的多种工艺反映了制作者高超的技术水平。

捐赠者是20世纪初英国驻中国西南总领事，据报道他是从一位苗族妇女手中购得这件上衣的，她花费两年时间才制作完成这件节日盛装。

满族女式氅衣（changyi）

缎纹丝绸，丝线刺绣，中国，1850年—1875年，T.126-1966

《道光帝喜溢秋庭图》（局部）

纸本设色，中国北京，1821年—1850年，故宫博物院

挽袖是汉族女性服饰的特色之一，其特点是袖子宽大，内衬可更换，可折叠成袖口（见87页）。19世纪，满族宫廷女子开始将挽袖应用于氅衣。宫廷氅衣是清代内廷后妃的日常服饰，它有两条从腋下延伸到下摆的开裾，通常镶有各色华美的绣边，穿在衬衣之外。

右上图这件氅衣的白色绸缎袖口处绣有奇特的团花图案，也称皮球花。这种新样式最早出现在雍乾时期（1723年—1795年）的御用瓷器上，后逐渐流行起来。

氅衣一年四季皆可穿着。此件蓝绿色缎面氅衣的衣身部分绣有菊花图案，应是秋日之服。左上图描绘了道光年间（1821年—1850年）秋季庭院的情景：道光皇帝的嫔妃牵着一位年幼皇子的手，而这位嫔妃正穿着类似设计的衬衣。皇帝曾一度试图禁止为氅衣添加挽袖，认为这是对满族传统的抛弃，但收效甚微。

囍
囍

这件豆绿色的氅衣以彩色丝线织出蝴蝶和花卉纹样，例如绣球花、荷花和葫芦等，应为夏季穿着之服。白色袖口饰有蓝色“双喜”字样，寓意穿着者婚姻美满幸福。整件袍料采用精美的缂丝工艺，以生丝为经线，熟丝为纬线，通过通经断纬的方法织造出平纹织物。缂丝的主要特点之一是经线通贯，纬线不贯穿全幅，而是根据花纹轮廓和颜色交接的边缘反复换梭。

织工在织造过程中会逐步装饰氅衣的图案，并根据穿着者的体形织造成相应的尺寸。裁缝则依据预先织造好的服装版型进行剪裁，然后将各部分缝合在一起。缂丝工艺极其耗费人力，即使是最有经验的织工，制作这样一件华丽的氅衣也至少需要一年的时间。

满族女式氅衣（changyi）

由缂丝制成，中国，1850年—1875年，G.克诺布洛克夫人捐赠。T.53-1951

满族女式马褂（magua）

由缂丝织锦丝绸、金属线刺绣制成，中国，1850年—1865年，由艺术基金会资助购买。T.210-1948

这是一件满族女式马褂。衣身以石青色为主，袖口采用了鲜艳的明黄色，相当华美时尚。服装面料颜色的选择实际上取决于穿着者的社会身份和年龄。图中所示的明黄色是皇太后和皇后的专属颜色，而石青色则在年长女性或寡妇的衣着中较为常见。衣身上的蝴蝶图案以金线和银线织成，衬托在石青色底布上，显得鲜明而富有生机，深受年长女性喜爱。

因为“蝶”与“耋”（八十岁）同音，所以百蝶纹象征着长寿。织造这件外套的金属丝线非常细，直径不到0.25毫米，制作时用金箔包裹红色丝线，用银箔包裹白色丝线。蓝色的蝴蝶在袖端翩翩起舞，采用了彩绘的手法使其色彩更加灵动。这是在19世纪晚期经常使用的一种节省成本的方法。

汉族女袄(ao)

由暗花纱、丝线、金属线和孔雀羽线刺绣制成，中国，1850年—1900年，艾达·麦克纳顿夫人捐赠。T.53-1970

汉族女袄的袖口通常装饰有精美的绣带和花边，当穿着者按照传统的礼仪姿势将双手置于身前时，这些装饰便会显露出来。装饰图案多选用吉祥纹样，以表达对好运的祝愿。

这件天蓝色暗花纱袄的袖口上缝有两条刺绣的白色袖带。宽袖带上的花瓶、桃子、牡丹等图案是传统的吉祥纹样，象征着平安、长寿和富贵的愿望。较窄袖带上绣有葫芦图案，象征着子孙满堂。这样美好的寓意深受年轻女性的喜爱。每个葫芦的中心都用带有虹彩光泽的孔雀羽线（蓝绿色丝线与孔雀羽毛丝缠绕在一起）进行贴绣，这种罕见且珍贵的材料只应用于宫廷服饰。两条绣带的接缝处用花边加以装饰，黑色缎面斜裁滚边则让袖口显得利落精致。

女袍袖带

由缎纹丝绸、丝线和金属线刺绣制成，中国，1800年—1900年，由艺术基金会资助购买。T.120-1948，T.151-948，T.157-1948

两位绣娘

纸本水墨设色，中国，1880年—1885年。D.83-1886

像这些小型的袖带主要由绣娘们居家手工刺绣而成。一些较受欢迎的纹样取材于自然界，如昆虫或植物纹样等，并以写实化或风格化的形式呈现，往往与特定的季节相关联。

对页图的白色绣带上绣有蚂蚱、蜻蜓、蝴蝶、葫芦和豌豆荚等图案，每种图案都象征着夏天，是装饰夏季服装的理想选择。红色绣带采用打籽绣法，绣有梅花和牡丹，它们从早春到晚春依次绽放。蓝色绣带采用金属线进行平金绣，展现两只蜻蜓飞向一株菊花的画面。菊花是中国人钟爱的秋季花卉，人们有时还会组织赏菊会欣赏菊花之美。所有这些图案都唤起了人们充满诗意的遐想，既能触动感官，又能捕捉某个时刻的短暂瞬间。

汉族女褂

由缎纹丝绸、丝线和金属线刺绣制成，中国，1825年—1875年，由凯瑟琳·朗斯代尔夫人捐赠。T.27-1964

19世纪非常流行使用戏剧、小说和故事画中的叙事图像来装饰汉族女性服饰。这件褂的刺绣袖口上描绘了两幅出自《牡丹亭》的场景，《牡丹亭》是汤显祖（1550年—1616年）于1598年创作的一部戏剧。

该戏剧讲述了当地县令之女、16岁美人杜丽娘的故事：一天，她在梅树下睡着了，梦见自己遇到了英俊的年轻书生柳梦梅，他们一起赏花，但当她醒来时，柳梦梅已经不见了。为情所困的少女不久便病死了。三年后，柳梦梅徘徊在花园中，沉沉睡去。他梦见与杜丽娘的浪漫邂逅，尽管他发现她已是鬼魂……最后，杜丽娘打动了阎王，得以还阳并嫁给了柳梦梅。

这个故事引起了许多年轻女性的共鸣，她们梦想找到真爱，而不是屈服于包办婚姻。这件长及小腿的褂是官太太的日常着装。

第四章 褶饰

男士朝裙

由缎纹丝绸、丝线和金属线刺绣制成，中国，1700年—1750年。T.251-1966

这是一条蓝色锦缎朝裙，裙身沿裙腰处有褶裥均匀排列。双行缝线将褶裥固定在距裙腰6厘米的位置。在这些缝线上方，褶裥平整；在这些缝线下方，褶裥展开，因此增加了穿着者的活动空间。裙子由两片布料呈环绕式重叠而成，下部绣有龙纹装饰。腰带由质地极为硬挺的丝绸制成，上面织有团窠龙形图案。

裙是贵族和高级官员朝服的一部分。人们会在正式场合着裙，内穿一件素色长袍，外套绣有官阶补子的补服。

在中国香港，客家女子在户外劳作时会戴上这种独特的帽子，称为凉帽。客家人原籍在中国北方，后来南迁，部分人于20世纪初定居于香港的农村地区。“客家”一词的意思是“外来的人”，指他们不断迁徙和重新定居的历史。

客家女子喜欢朴素舒适的服装，日常劳作服装以黑色为主。这顶帽子由竹子编织而成，呈扁圆形，中间有一个洞，可以固定在头部。外沿则是一排面纱，由两片黑色平纹棉布制成，细密地排列成紧窄的刀褶。褶裥的顶部用针线简单地固定，当佩戴者走路时，面纱可以优雅地摆动，吹来一阵凉风。这顶帽子不仅具有视觉冲击力，还能使佩戴者的面部和肩部免受阳光照射。

客家女式凉帽(liangmao)

由竹子、藤条、平纹棉布制成，中国，1950年—1980年，由英国维多利亚与艾尔伯特博物馆(V&A)之友捐赠。FE.186-1995

汉族女式马面裙（mamianqun）

由暗花缎、平纹棉布、丝线和金属线刺绣制成，中国，1850年—1900年，乔治·巴宾顿·克罗夫特·里昂中校捐赠。T.137-1926

“马面”原指城墙上凸起于墙面外侧的部分，正面为高而宽的平面，两侧折向后，因此古人也用“马面”或“马面褶（裥）”来形容裙裳前后的裙门，“马面裙”的名字由此而来。对页的局部图展示的是马面裙的褶裥部分。裙子由两片淡蓝色暗花缎相互重叠制成，上方用白色棉布固定，取白头偕老之意。每一片褶裥都由一块刺绣的襕干和褶皱组成。当裙子包身穿着时，裙门构成前后两部分，裙褶在两侧展开。

每一个褶裥都用黑色缎带进行包边，底部饰有深浅不一的蓝白花卉和蝴蝶图案。每个褶皱之间绣有许多茎叶纹，当穿着者行走时，花纹便会若隐若现。裙子外面会套上一件及膝长的外套或长袍，因此刺绣细节主要装饰于裙摆，也更容易看到。

汉族女式马面裙（mamianqun）

由缎纹丝绸、丝线和金属线刺绣制成，中国，1850年—1900年，T.290-1960

就像捕捉裙摆摇曳瞬间的电影一样，这条马面裙的褶裥以黑色缎面镶边，为这条裙子注入了优雅与活力。褶裥的样式虽然简单，但视觉效果却醒目且极具冲击力。

褶裥的制作应该是在裙摆刺绣完成后才开始的。穿上裙子后，两侧各可见五个褶裥，其中靠外的两对褶裥相对而折，每对褶都朝向中央。底部有如意纹样。红色在中国象征喜庆，因此这条红色马面裙通常会在喜庆的场合穿着。

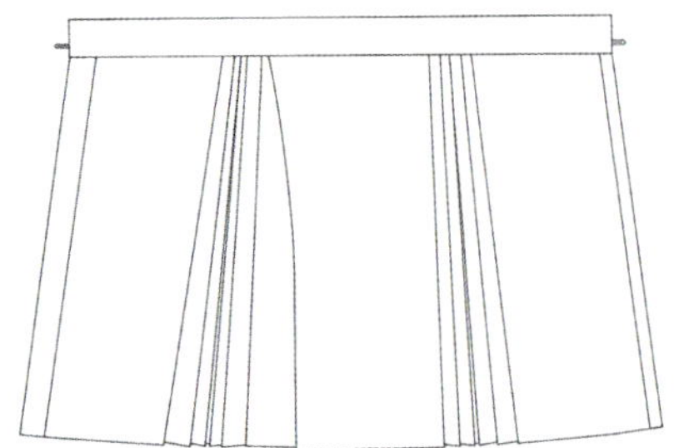

女裙

由平纹麻布制成，中国，1900年—1930年，英国维多利亚与艾尔伯特博物馆（V&A）之友捐赠。FE.213-1995

送汤的尼姑

纸本水墨设色，中国广州，约1790年。D.110-1898

因为麻不易打褶，所以通常用丝绸制作马面裙，用麻制作的普通马面裙多为女工或尼姑所穿。对页图展示了该裙的局部细节，一组为六个褶，每三褶相对而折。每个褶都沿着折边处垂直缝合，所有的褶都用一条定位线缝合固定，这些缝线会在穿着前被拆掉。目前这条裙子的缝线仍保留在原处，说明这条裙子还从未被穿着过。

虽然裙子上没有任何装饰图案，但其优雅的褶皱和浓郁的靛蓝色依然散发着美感。在中国历史上，麻曾是种植和纺织加工的主要原材料之一。后来，棉取代麻成为日常服装的主要材料。现在，麻也被用于制作葬服。

1911年清朝灭亡后，汉族女性的着装发生了显著变化。年轻女性摒弃了宽大的长袍和装饰繁复的裙装，转而崇尚简约、柔和的现代风格。这条裙子前有裙门，下部两侧饰有刀褶，由法国提花机织丝绸制成，并饰有大朵花卉图案。裙子上的装饰简洁、低调，配上法式的灰色丝质流苏和具有装饰性的布裹纽扣，使裙子的下摆部分更加灵动。

1911年以后，汉服制作越来越多地受到西式风格的影响，并经常参考欧洲流行的服装款式。虽然这条裙子的剪裁迎合了旧时的风格，但它并不是旧时的包裹穿法，而是套上后拉起来穿的。传统的固定方式是在腰带上缠绕固定，现在已被西方的金属扣所取代，如钩眼、按扣和搭扣等，这样就可以根据穿着者的身材调整尺寸。就像上图的日历海报一样，穿这种裙子可以搭配合身的齐臀袄、丝袜和皮鞋。

汉族女裙

由提花丝绸、平纹棉布制成，中国香港，20世纪最初十年，英国维多利亚与艾尔伯特博物馆(V&A)之友捐赠。FE.50-1995

协和贸易公司日历海报

彩色平版印刷，中国，1913年—1914年，周慕桥（1860年—1923年）。FE.478-1992

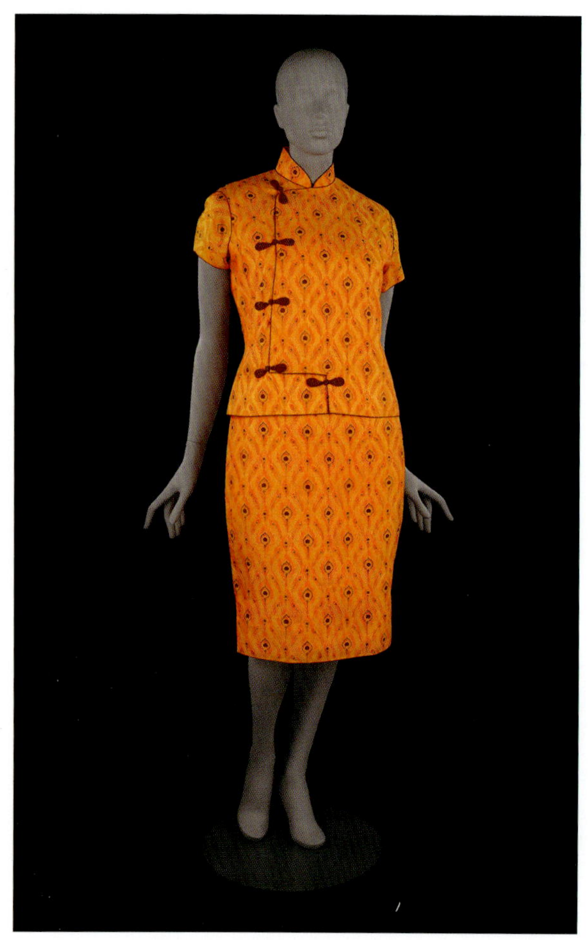

女式旗袍套装(qipao)

由印花丝绸制成，20世纪50年代，中国香港，理查德·周和珍妮·周夫妇为纪念亨利·周博士而捐赠。FE.55:1至3-1997

上衣前襟和领口的装饰褶，为这件外套增添了层次感和趣味性。采用的是与衣身相同花纹的丝绸，制成共37个装饰褶。做法是将布料斜裁后做成间隔均匀的盒褶，然后将每个褶的两端向中间折叠，再用细小的针脚将其固定。上衣采用收腰剪裁，贴合身体，衣服内侧还缝有钩眼扣。

作为套装的一部分，除了外套还配有一件带有暗红色盘扣的坎肩和一件紧身旗袍。这件套装的款式是对早期西装的改良，通常在正式场合穿着。随着20世纪50年代空调在香港的普及，这种套装风格变得更加流行。

折扇

纸本设色，以染色竹片为扇骨，中国杭州，约1935年，帕梅拉·马尚特捐赠。FE.591-2007

像这样的折扇，需要先绘制好图案，再压制成手风琴式的褶裥并安装到竹片上。折扇是从日本传入的，16世纪后开始在中国广泛使用。折扇的扇面通常以书画装饰，这就形成了一种新的绘画形式，受到文人阶层的青睐。此扇面中央描绘的是一幅秋景图，画中绘有两只河蟹爬上岸，岸边菊花数朵。

折扇是男女必备的饰品，也是理想的馈赠礼品。1935年8月，在重庆举行的一场婚礼上，教堂里扇影交错，宾客们试图用扇子驱散炎热。据捐赠者称，这把折扇是送给当天的新娘罗宾娜·布克利斯和新郎汤姆·马尚特中尉的结婚礼物。

第五章 边饰

用于汉族女装未经裁剪的边饰

由缎纹丝绸、彩色丝线刺绣制成，中国，1850年—1900年，威妮弗莱德·阿德利小姐捐赠。T.134-1962

这些未经裁剪的边饰常用于装饰衣领、衣襟、下摆和开衩。绣工以斜线布局在象牙色缎上绣出了山水、骏马和亭台楼阁。自公元前4世纪以来，装饰花边一直是汉族女性服饰的一大特色。边饰最初是用来加固衣服的边缘防止磨损的，随着时间的推移，边饰变得越来越宽，越来越华丽。到了19世纪中叶，像这样成套的刺绣边饰开始流行起来，并在布庄广泛出售。

中国服饰很少以马作为装饰主题，但在19世纪晚期，独特而复杂的设计成为时尚，以十二生肖为主题的边饰开始受到追捧。马是十二生肖中排行第七的动物，象征着速度、力量和成功。这些未经裁剪的边饰对马年出生的女性很有吸引力。

彝族对襟蜡染坎肩

由平纹棉布、银饰、蜡染、贴花制成，中国云南，1940年—1960年，凯瑟克夫人捐赠。FE.263:3-2018

这件坎肩的正面和背面均饰有精致的蜡染图案。彝族男子在节日或婚礼上穿这件坎肩时，会内搭两件长袖上衣。彝族生活在中国西南部的山区，由于海拔较高，他们穿衣首要考虑保暖因素，并通过穿多层衣服来抵御寒冷。坎肩就很方便，可以根据冷暖酌情增减。

这件坎肩可能是由新娘手工制作的，在成婚时送给她的丈夫。彝族妇女用铜针将熔化的蜂蜡作为防染剂涂抹在棉织物上，然后用靛蓝对织物进行染色，制作各种与自然有关的几何图案。这些图案对彝族人来说意义深远，表达了他们对祖先赐福的感谢之情。如图所示，衣服上较大的圆形图案代表太阳，其他图案描绘了雷、月、星和荞麦，寓意五谷丰登。带有金边的彩条装饰为原本单调的服装增添了趣味性。

满族女式氅衣(chang yi)

由斜纹丝绸、彩色丝线绣制而成，中国，1875年—1908年，由博物馆艺术基金资助购买。T.231-1948

19世纪满族贵女喜欢穿装饰华丽、镶有精美边饰的长袍。这种长身外袍被称为“氅衣”，剪裁独特，挽袖，两侧开裾直达腋下，顶部有如意云头装饰。这些元素都深受当时汉族女性服饰的影响。氅衣制作工艺精湛，四季皆可穿着。

这件氅衣的衣身采用的是淡蓝色绸缎，在中国被称为“月白”，是中年妇女常穿的颜色。上面绣有蝙蝠、零散的寿字图案以及用色调柔和的丝线绣成的牡丹和海棠花。所有这些图案都有着吉祥如意的寓意，表达了对长寿、幸福和财富的期盼。同样的图案在挽袖和黑色缎边上重复出现。这种庆生穿的氅衣上有四颗铸有“寿”字的鎏金黄铜纽扣，寓意穿着者长命百岁。

满族女式氅衣(chang yi)

由斜纹丝绸、丝线和金属线刺绣制成，中国，1875年—1908年，理查德·托特纳姆爵士捐赠。T.241-1963

极具装饰效果的织造丝带点缀了这件红色氅衣。这类花边最初为进口品，但到了19世纪50年代，中国织工已能够生产饰有多种吉祥图案的绦带，以迎合本地人的审美需求。这件氅衣上镶嵌了一条白色缎地绦带，饰有梅花、仙鹤和蝴蝶纹样——这些图案象征着美丽与婚姻幸福，且与刺绣的黑缎边平行排列。在腋下位置，饰有一宽一窄两条绦带，经过巧妙的褶裥处理，平滑地勾勒出如意云头的轮廓。

这样的红色氅衣通常是年轻的满族贵女在喜庆场合穿着的。这件氅衣内有衬里，适合在冬季和早春穿着。衣身上的刺绣以植物图案为主，有的图案代表着装的季节，有的图案则象征着对生活中一切美好事物的祝愿。梅花、兰花和紫藤象征着生机繁荣和对春天的期待向往，而桃子、水仙和灵芝则寓意着长寿。

汉族女袄（ao）

由缎纹丝绸、丝线和金属线刺绣制成，中国，约1875年，为纪念玛格特·米勒而捐赠。FE.109-2009

对页的局部细节图展示了一件汉族女褂侧边开衩的繁复边饰，显示了当时大量装饰华丽边饰的潮流。这件衣服采用的多种边饰由外到内分别是：金色编织带；两条白色缎地饰有道教八宝纹纹绦；两条斜裁的淡黄色和蓝色缎带；一条象牙白色缎带，密密麻麻地刺绣着凤凰、孔雀、鹿和鹤在松树下的图案，底部则是回纹和花卉图案。素雅的衣身与这些色彩纷呈的边饰形成鲜明对比，使这件女褂显得格外醒目。

这样的边饰被称为“襕干”，可增添服装的趣味性和质感。19世纪末这样的边饰备受百姓喜爱，编织和刺绣的边饰产量也急剧增加。到了清代后期，逐渐发展成被称为“十八镶滚”的多重缘式装饰工艺。

如右上图所示，这种长及臀部，无袖、立领、深臂襟的坎肩可穿在长袍外面。这种服装款式也被称为“背心”或“紧身”，在19世纪中叶至20世纪初流行，男女皆可穿着。

这件引人注目的坎肩再现了当时的镶边时尚。明亮的粉色丝绸覆有宽大的黑色缎边，上绣翩翩起舞的蝴蝶。较宽的绿色丝绸花边织有金色和银色的图案，以洋红色缎带镶边。裁缝用微不可见的细小针脚，将这些华丽的边饰精细地固定在服装上。

女式坎肩(kanjian)

由缎纹丝绸、彩色丝线刺绣制成，中国，1875年—1908年，穆里尔·卡彭特夫人为纪念埃比尼泽·曼恩捐赠。FE.15-2006

卖银发饰的女孩

纸本水墨设色，中国北京，1885年，周培春画坊（经营于约1880年—1910年间），D.1653-1900

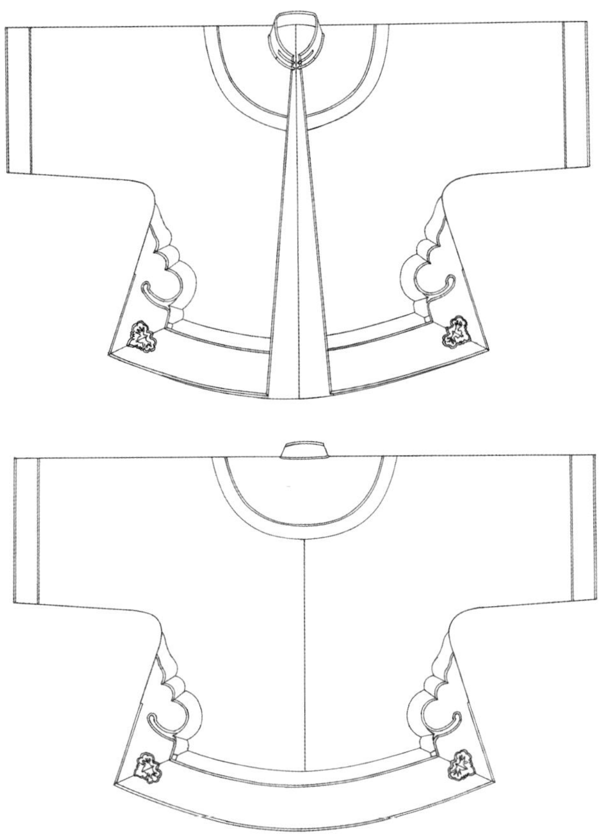

女式上衣

由扎染丝绸、丝线和金属线刺绣制成，中国，1880年—1920年。T.124-1961

对页的局部细节图展示了一种精美的雕绣工艺，叫作“挖云”，是指镂穿成如意云形的边饰。如意云主要用于装饰外衣和百褶裙的边缘。这是一件少女外套，挖云出现在下摆的两侧，镂空和填充部分都是如意云的形状。如意云与两朵兰花相连，边缘用黑色滚边巧妙地整齐收拢，缝在淡紫色的绸缎上，蓝色缎带上刺绣着蝴蝶、花卉和叶子图案，转角处采用整齐的斜角处理。

这个细节既起到了装饰作用，也增加了边缘的重量，防止衣服在穿着时翘起。这件上衣是套装的一部分，可与配套的长裤搭配。套装是19世纪末20世纪初的一大特色，已婚妇女通常会在长裤外套一条裹身裙。

袄裙(ao qun)

由缎纹丝绸、薄棉网纱、丝线、玻璃珠和明胶亮片刺绣制成，中国上海，20世纪20年代，英国维多利亚与艾尔伯特博物馆(V&A)之友捐赠。FE.54:1,2-1995

这套20世纪20年代的套装由袄和裙组成，它是以当时的革命性服装风格——“文明新装”为基础设计的。该设计参考当时宣传的现代女性形象设计，受到女性知识分子的青睐。这款袄将袖子缩短到肘部，将裙子的下摆缩短到小腿，这种新的流行趋势允许女性露出更多的肢体，被视为前卫和解放的象征。

这套袄裙由乳白色的丝绸制成，用粉色和灰色丝线刺绣的花卉纹样点缀其间。边缘处饰有闪闪发光的亮片和玻璃珠使整套服装看起来更加精致优雅，这就是所谓的“海派风格”。波浪形下摆的花朵图案是在薄棉网纱上用五彩明胶亮片和玻璃珠以法式钩针刺绣工艺绣制而成的。

使用明胶亮片点缀精致的丝绸袄裙似乎并不常见，但这种产自欧洲的新型材料却能非常有效地增加服装的光泽感。配上西式的白色头纱和蕾丝手套，它就可以作为婚纱穿着。这套袄裙是由前主人从上海的一家古董店购得的。

右上这件坎肩的设计以竹子为主题，底色为雪青，边缘饰有回字纹。其边饰，包括仿斜接角，均在缂丝织机上以黑色丝线和金线织成图案。领口的边饰缩小，以确保与衣身比例一致。衣身上，细长的竹子图案以蓝绿色为主色调，并用金线勾勒叶脉轮廓。竹子是中国最受欢迎的常绿植物之一，寓意品行正直，常和冬季联系在一起。竹子天生柔韧，弯而不折，代表着君子品德。

这件华丽优雅的坎肩与左上的“黄色翠竹”设计图几乎完全相同，“黄色翠竹”是1904年为纪念慈禧太后（1835年—1908年）七十寿辰而创作的六款设计之一。这些图由内务府下属的如意馆的宫廷画师所作，随后这些图被送到苏州的御用丝绸厂，按照规格进行生产。

女式坎肩(kanjian)

由缂丝、缂金织成，中国，1904年—1910年，G.克诺布洛克夫人捐赠。T.51-1951

为慈禧太后设计的坎肩

水墨设色绘于丝绸，中国北京，1904年，故宫博物院

旗袍（qipao）

由暗花纱、涤纶制成，中国上海，2019年，郭玉军、许玉磷设计，“郭·许”品牌捐赠。FE.193-2019

这款单色旗袍的灵感来源于20世纪初汉族妇女服饰上的素色贴花装饰。立领、领口、右襟、袖子、身体两侧和下摆边缘都用白色线绳塑造成简单起伏的波浪图案。黑色暗花纱上饰有玉兰花图案，与素白的条带形成对比。要巧妙地用光滑细腻的条带装饰这件贴身旗袍，裁缝需要展现出娴熟的技艺。为了与旗袍低调优雅的风格保持一致，朴实无华的手工盘扣也是采用同样的白色细绳制作的。

这款旗袍的设计彰显了一种与众不同的美，它摒弃了繁复的装饰，采用简洁的线条和简单的色彩。这种设计风格深深植根于中国传统美学中的“雅”，一种“尚清”、简约极致的高雅审美。

这件无袖旗袍采用双弧形前襟，以对称式盘扣系结，左襟完全缝合起装饰作用。这种圆弧形的前襟突出了身体的曲线美，是20世纪40年代流行的旗袍款式。蒋介石的夫人宋美龄（1897年—2003年）对这种旗袍情有独钟。

传统旗袍的镶边工艺多种多样，其中大多数需要使用斜裁布条，以缎纹织物为佳。裁缝通常会在画线或裁剪之前，用刷子在丝绸面料的背面涂上面粉制成的糨糊，这种工艺被称为“上浆”，使光滑的面料更容易操作。这件旗袍的衣领、袖子、前襟和侧开衩处有三条边饰，分别是粉色和蓝色缎面斜裁滚边，以及一条黄色金属织带。色调的巧妙搭配与面料的提花图案相协调。裁缝将三条边饰固定在一起装饰在旗袍的边缘处，形成整洁的视觉效果。

旗袍（qipao）

由提花丝绸制成，中国香港，20世纪40年代，英国维多利亚与艾尔伯特博物馆（V&A）之友捐赠。FE.39-1995

云肩（yunjian）

由缎纹丝绸、彩色丝线刺绣制成，中国，1850年—1900年，由卡罗琳·尼亚斯小姐和伊莎贝尔·贝恩斯夫人捐赠。CIRC.299-1922

明黄色的丝线编织成的流苏是这款蓝色缎面云肩的亮点，这些流苏会在行走时呈现极致的美感。流苏由匠人手工编结而成，上部用丝线编成一系列网状的铜钱图案。18世纪和19世纪，中国工匠使用同样的编结技术制作华丽的流苏，用于装饰出口欧美的刺绣丝绸披肩或床罩。

这个云肩采用三蓝绣，绣有花卉、蝴蝶和蝙蝠等吉祥纹样。在特殊场合，它可用于搭配正式着装。流苏常用于装饰舞蹈和戏剧服装，垂坠的流苏会随着佩戴者的动作而摆动。舞者或演员在舞台上表演时，会穿上设计突出、色彩鲜艳的精致服装。

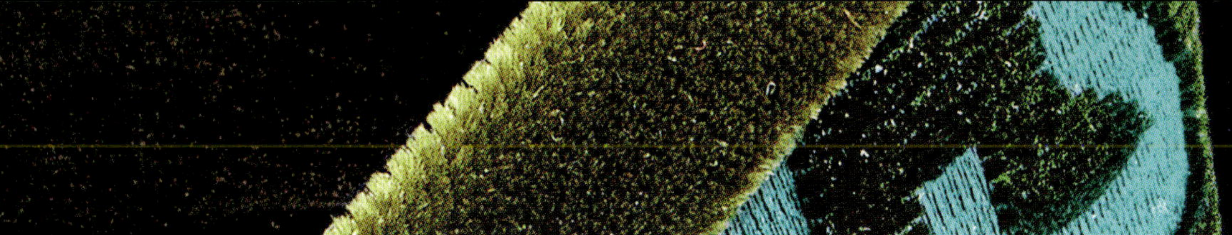

第六章 纽扣

汉族女袄（ao）

由斜纹丝绸、丝线刺绣、鎏金黄铜制成，中国，约1875年，由S.G.毕晓普夫人捐赠。T.2-1957

孝静毅皇后夏氏（1495年—1535年）

明正德皇帝（1506年—1521年）的皇后，卷轴挂画，中国北京，16—17世纪。台北故宫博物院

这件藏青色绸袄为圆领，领口有一金属扣，前襟中央开口，用两条缎带系住。明代（1368年—1644年）女装的一大特色是高领，领口有一上一下两个横向金属扣，这种扣法在19世纪得到复兴。这件袄的扣子是由鎏金黄铜制成的，铸成莲花形状。

袄身用彩色丝线绣有花卉、鸟类、蝴蝶、蝙蝠和石榴等图案。门襟、侧缝和下摆采用黑色缎面，绣有不同蓝色调的花朵和蝴蝶。长及肘部的宽袖袖口平直，并饰有绿色缎面刺绣镶边。大部分刺绣装饰在镶边的背面，但有一些刺绣现已脱落，仅余残留的墨迹轮廓显示了其制作的过程。

夏季来临之际，这种透孔轻薄的蓝绿丝绸薄纱面料是制作无衬里氅衣的理想选择。镂空花格鎏金黄铜纽扣也增添了几分夏日的气息。纽扣上的颗粒效果并非手工添加，而是在铸造的过程中产生的。系合方法是将黄铜纽扣固定在一侧的扣襻上，再将另一侧扣襻的圈口套在黄铜纽扣上即可固定。

满族女式氅衣（chang yi）

由纱织丝绸、丝线刺绣、鎏金黄铜纽扣制成，中国，1850年—1900年，由埃尔斯贝特·福洛普夫人捐赠。T.387-1967

维吾尔族女式袷袢(qiapan)

由暗花缎、丝线和金属线刺绣、黄金、珊瑚、绿松石、珍珠制成，中国新疆和田，1850年—1900年，乔治·谢里夫上尉捐赠。T.31-1932

这件洋红色的袷袢正面装饰着四颗大纽扣，手工金丝纽扣上镶嵌着绿松石和珍珠，末端以珊瑚珠装饰，纽扣通过扣襻固定。除了起到固定的主要功能外，像这样的大纽扣还可以像珠宝一样作为饰品佩戴。

这件袷袢是用昂贵的中国丝绸制成的，通常用于特殊场合。绣工用锁绣针法在衣身上刺绣花卉图案，领口和系扣处用五彩丝线绣出的楔形图案，表明这件袷袢属于中国新疆西南部和田地区的一位已婚妇女。

女式坎肩（kanjian）

由暗花缎、丝线刺绣、钩针编织、玉石制成，中国，1880年—1910年，玛丽王后捐赠。CIRC.33-1936

这件女式齐臀坎肩采用的是L形琵琶襟。襟镶五个黑色缎面扣襻，在五颗扣子中有一个是白玉扣，剩余四颗是包有红色丝绸的钩编纽扣，与刺绣的牡丹花颜色相匹配。

钩针编织是用钩针将线编织成一片织物，是由基督教传教士传入中国的。他们培训孤儿们学习缝纫技能，帮助他们以此谋生。大约在1860年—1915年期间，钩编纽扣在欧美非常流行。

儿童坎肩（kan jian）

由斜纹丝绸、丝线和金属线刺绣、黄铜珐琅制成，中国，1862年—1874年，玛丽王后捐赠。T.110-1964

这款儿童齐腰坎肩展现了另一种坎肩样式。与142页的坎肩不同，它的前襟可拆卸，与后背是独立的两片布料，领型为圆领。坎肩由珐琅纽扣和黑色缎面扣襻固定：胸前五颗，两侧各两颗。

这些精美的纽扣被设计成罗马数字的表盘样式，每颗纽扣显示不同的时间。这些纽扣可能是在广东省省会广州制作的，自18世纪以来，广州的钟表制造业和珐琅彩绘业一直非常繁荣。穿这件坎肩的小孩很可能来自富裕家庭，他们将这种时尚的钟表视为身份和地位的象征。

满族女式氅衣(changyi)

由绛丝锦缎、鎏金黄铜制成，中国，1850年—1875年，G.诺布洛克夫人捐赠。T.53-1951

这件豆绿色的满族女式氅衣使用四颗纽扣固定衣身，它们沿着弧形的门襟分隔开来。一颗位于颈部，一颗位于锁骨处，两颗位于右侧手臂下方。饰有花卉图案的球形纽扣由黄铜铸造，然后进行鎏金处理，扣襻由黑色缎条制成。

这样的鎏金黄铜纽扣是清宫廷服装的标准扣件。到18世纪初，球形纽扣已成为满族和汉族服饰的主要扣件类型。由于中国传统服饰没有欧式扣眼，球形纽扣的触感一直是中式服装独特而令人向往的特征之一。

这种马褂在19世纪中叶成为男女的日常服饰。这件马褂的袖子为明黄色，应是清宫廷贵女所穿。

四颗鎏金黄铜纽扣用黑色扣襻固定，装饰在前门襟处。每颗纽扣的正面都有一只展翅欲飞的狮子图案，背面有制造商标记“T.W.&W”，质量标记“Double Gilt” 环绕在纽扣柄部。这些标记表明纽扣是由1845年在巴黎成立的特雷隆、韦尔登与威尔公司制作的，纽扣经过两次鎏金处理。

满族女式马褂(magua)

由绛丝锦缎、丝线刺绣、鎏金黄铜制成，中国，1850年—1865年，博物馆艺术基金资助购买。T.210-1948

满族宫廷妇女会穿着这种全长无袖的褂襕作为日常外衣，它有着裁剪宽大的袖孔，可容纳套在内里的长袍。这件褂襕由石青色锦缎制成，绣有兰花图案。衣服的边缘用黑色缎面镶边，绣有花卉图案，再以蝴蝶图案的花边进一步点缀。明黄色的丝绸衬里表明它是为皇后或皇太后所制作的。

褂襕由四颗鎏金纽扣和黑色扣襻固定：两颗靠近颈部，两颗位于侧面。这些硬币形纽扣由铜合金铸造而成，从英国进口。每颗纽扣的正面都有花朵装饰，背面焊有一个简单的铜眼。背面的标记“Standard Rich Colour”表明纽扣是鎏金的。尽管中国也生产樱桃大小的黄铜纽扣，但是富人阶层还是更青睐这种饰有动物或花卉图案的鎏金平圆纽扣。

满族女式褂襕(gualan)

由缎纹丝绸、丝线刺绣、鎏金铜合金制成，中国，1862年—1874年，T.127-1966

儿童坎肩(kanjian)

由缎纹丝绸、丝线、金属线和孔雀羽线刺绣、鎏金黄铜制成，中国，1850年—1875年，T.84-1965

九颗鎏金黄铜纽扣为这件儿童坎肩锦上添花，每颗纽扣上都装饰着一只手持皇冠的雄狮。这些纽扣原本是用于英国东印度公司的军装，该公司于1600年在伦敦成立，1874年解散。纽扣背面的铭文写着“Standard Treble Gilt, M.S.&J.D.”，表明纽扣是由英国伯明翰的马克・桑德斯和约翰・戴金制作的。

目前还不清楚英国军用纽扣是如何出现在这件坎肩上的。一种可能的解释是，狮子的设计吸引了中国人，与衣服主体上绣着的两只象征保护的佛教狮子相呼应。狮子也是清朝二品武官的补子图案，代表了对孩子未来能够成功的美好心愿。

这件无袖坎肩上的鎏金纽扣是由“顺兴洋行”在中国大量生产的。与许多同行一样，顺兴洋行在生产和营销方面颇具有战略眼光，因为它认识到在设计中融入中国传统文化的重要性。

鎏金纽扣通常以吉祥图案为特色，表达对幸福、长寿或多子多福的美好祝愿。这枚纽扣上的图案由五只蝙蝠围绕着一个“寿”字构成，寓意多福多寿，俗称“五福捧寿”。“蝠”谐音“福”，象征着五福临门，即长寿、富贵、康宁、好德、善终。

女式坎肩（kanjian）

由缎纹丝绸、丝线刺绣、鎏金黄铜制成，中国，1875年—1908年，穆里尔·卡彭特夫人为纪念埃比尼泽·曼恩捐赠。FE.15-2006

到了19世纪90年代，像这件坎肩上的鎏金纽扣就不再需要从欧洲进口了。许多外国公司在中国建立了工厂，并引进机器生产西洋风格的产品。

纽扣背面的“谦信洋行”字样指的是一家在上海设有办事处的德国贸易公司。对页图展示的纽扣正面装饰有六只蝴蝶。“蝶”谐音“耋”（八十岁），这个设计表达了对长寿的期盼。

女式坎肩(kanjian)

由暗花缎、丝绸缎带、鎏金黄铜制成，中国，1890年—1910年。FE.31-2021

旗袍（qi pao）

由丝绸锦缎制成，中国香港，1995年，梁清华，年华时装公司。FE.313:1-1995

肩部华丽的手工盘扣看起来似乎是这件旗袍的唯一开合方式，然而事实并非如此。锁骨处有按扣，颈部有钩眼，旗袍右侧有拉链。盘扣由两部分组成：扣眼，缝在胸襟的上侧；扣头，固定在胸襟的下侧。

在制作盘扣时，先将布条绕在细铁丝上，然后将铁丝拧成所需的纹样，再缝缀到衣服上。盘扣的形状与衣身上的菊花暗纹相呼应，并融入了两个“寿”字。虽然大多数的旗袍裁缝都是男性，但这种精美的盘扣多由女性手工制作，成为传统旗袍制作精良的标志。这件旗袍是英国维多利亚与艾尔伯特博物馆（V&A）委托香港年华时装公司的梁清华先生制作的。

旗袍

由真丝雪纺制成，中国香港，20世纪40年代，英国维多利亚与艾尔伯特博物馆（V&A）之友捐赠。FE.42-1995

这件长及小腿的无袖旗袍由真丝雪纺制成，织有龙睛金鱼图案，“金鱼”谐音“金玉”，是中国流行的吉祥图案。旗袍采用方形小立领设计，侧扣，衣襟用白色和红色缎带双层包边，装饰的盘扣也是由此双色缎带制作而成的。

颈部和锁骨处的两枚盘扣做成了金鱼造型，与衣料的纹样相呼应。手臂下方的盘扣则作螺旋状。这些手工盘扣源自基础的环结扣，历经演变发展，至20世纪30年代，大量的新设计层出不穷。从花卉、蝴蝶、鱼类到吉祥图案，无不蕴含着纽扣制作者的匠心巧思。

旗袍套装（qipao）

由提花丝绸制成，中国香港，20世纪60年代，克里斯汀.S.陈捐赠。FE.26:1,2-2004

这件套装设计简约，长及膝盖的旗袍与立领对襟上衣的设计灵感可能源自20世纪50年代的香奈儿经典套装，这在当时所处的20世纪60年代依然相当前卫时尚。套装采用金黄色丝绸面料精心裁制，其上织有精致的梅花图案和圆形寿字纹。

外套领型为圆领式，七分袖，前襟中央缀有四个装饰性盘扣。合身的旗袍为硬挺的立领、小半袖、侧开衩，右侧开衩处缀有与外套相同的装饰性盘扣。侧缝处另设按扣和拉链。对襟短上衣和旗袍的衣襟皆以金色缎带进行包边。盘扣材质与包边一致，呈“寿”字形，与面料图案巧妙呼应。这套华丽的旗袍套装是专为庆生场合设计的。

女士上衣

由天鹅绒面料制成，中国香港，约1969年，维多利亚·迪克斯夫人捐赠。FE.45-1997

这件对襟上衣是由捐赠者维多利亚·迪克斯夫人于1969年结婚时在香港定制的。她选用了青绿色的天鹅绒面料，并采纳裁缝的建议搭配橄榄绿色的镶边，这种不寻常的配色方案赋予了这件上衣独特而现代的美感。

裁缝在前襟和立领处精心地搭配了寿字图案，并以密实的天鹅绒面料精心包边。盘扣也采用同样的面料制成，并采用了独特的中式打结技法——琵琶结。琵琶扣是以琵琶结为基础，再加以变化而成，因其形状似古乐器琵琶而得名。“琵琶”之音又与吉祥之果“枇杷”相同，有高贵美好、吉祥繁荣之意。琵琶扣简约而大胆的设计，是这件上衣的一大特色。

旗袍（qipao）

缎纹丝绸、真丝欧根纱、丝线刺绣，中国上海，2019年，郭玉军、许玉磷，“郭许旗袍”品牌捐赠。FE.190-2019

花形盘扣（花纽）是装饰旗袍的首选。在这件黑色缎面旗袍上，三对五瓣花形盘扣尤为引人注目。这些花纽由粉色丝绸精心制成，再以黑色缎带精致勾勒边缘。特别的设计与精致的花卉刺绣图案以及衣身面料的单一底色形成鲜明的视觉对比效果。

这袭旗袍出自上海知名品牌“郭许旗袍”之手。该品牌由郭玉军（1970年—）和许玉磷（1973年—）于2002年携手创办，将现代时尚元素与中国传统刺绣技艺巧妙融合。这款旗袍采用45度角斜裁设计，打破传统旗袍的剪裁束缚，使面料更加优雅合身。

花卉设计的灵感源自佛教《维摩诘经》中“天女散花”的典故，相传佛祖诞生时有花雨降临。该图案由郭许旗袍的绣工精心刺绣而成，采用的是苏绣的风格，色彩自然谐调，以柔和的单色调展现女性的优雅柔美。

第七章 刺绣

未裁剪的霞帔布料

由缎纹丝绸、丝线和金属线刺绣制成，中国，1875年—1900年，1851年伦敦世博会英国皇家特派员捐赠。MISC.73A-1921

古代命妇画像

绢本水墨设色，中国，1800年—1900年，E.606-1954

这件未剪裁的石青色绸缎由两块前襟和一条领组成，是霞帔的部分刺绣，它生动展现了19世纪专业作坊制作此类服饰的工艺流程。这款霞帔专为命妇所制，她们通常会在霞帔上佩戴与其丈夫身份相符的等级补子。右上图的画像展示了汉族命妇在正式场合所穿的霞帔样式。

这枚补子上绣有一只鹭鸶，表明其是为六品文官之妻所制作。前襟装饰着龙、鸟、花卉和祥云图案呈对称排列，采用缎面绣和贴线绣工艺绣制而成。刺绣原本的鲜艳色彩现已褪去，现在只能从霞帔背面看到刺绣原色（见左上图）。霞帔采用中央开口形式，两片前襟之间的空隙用于接缝余量。裁缝会在衣内加入缎面衬里。

像这样的绣带可用于装饰服饰，缝在汉族妇女长袍的袖口上。每条绣带中央都装饰着采用抽纱绣和拉线绣制成的花状格子图案，并用黑色丝线和小亮片来点缀，边框则用绿色丝线挑出串珠状图案。

抽纱绣和拉线绣并非起源于中国，而是在19世纪末20世纪初由欧美传教士引入。这类刺绣工艺适合用于疏松、匀织的织物，例如这种淡蓝色的罗。这些精美的绣带彰显了工匠们巧妙运用新技术的智慧和成就，也是英国维多利亚与艾尔伯特博物馆(V&A)收藏中最早的中国抽纱绣和拉线绣的范例。

一对绣带

由罗、丝线和亮片制成，中国，1875年—1911年，由艺术基金会资助购买。T.133&A-1948

满族女式氅衣（changyi）

由罗、丝线刺绣制成，中国，1850年—1900年，

埃尔斯贝特·福洛普夫人捐赠。T.387-1967

这件氅衣的衣身上点缀着五彩丝绣成的葫芦和花卉图案。带有藤蔓的葫芦纹是年轻已婚妇女常用的装饰图案，因葫芦内含籽粒众多，寓意多子多孙。

蓝绿色的纱罗面料以其素雅轻透的质感，为刺绣艺术提供了绝佳的画布，同时也带来了一些独特的挑战。面料的编织结构、刺绣的重量以及氅衣上衬与否，都对刺绣工艺的选择和制作手法提出了考验，需要绣工细致斟酌。

葫芦、花卉和藤蔓等图案皆以平针绣法用短针与彩色丝线精细绣成。这种绣法使纱料不易变形，更赋予氅衣轻盈飘逸之感。技艺高超的绣工素以精妙诠释设计著称。于此服中，葫芦上装饰着各种各样的几何图案，其中包括一种活泼时髦的波浪纹，彰显了绣工匠心独运的创造力和巧思。

维吾尔族女式马甲(jajáza)

由暗花缎、丝线刺绣制成，中国新疆和田，1800年—1900年，乔治·谢里夫捐赠。T.31A-1932

放射状团花纹是维吾尔族男女节日盛装的常用装饰图案，其结构层次受佛教思想的影响，特别是引入了宝相花的设计。宝相花是唐代（618年—907年）流行的图案之一，用于装饰纺织品、金属制品、瓷器和壁画等。这件马甲的团花采用精细的锁绣针法刺绣而成，这种针法是中国最古老的刺绣形式之一，现存最早的锁绣纺织品可追溯到公元前4世纪。团花的中心是一朵开放的花朵，周围环绕分散的云纹和卷曲的花枝纹。

这件鲜艳的红色丝绸锦缎马甲前襟两侧各饰四条缎带，这是维吾尔族已婚已育妇女的独特服饰。它是由乔治·谢里夫（1898年—1967年）捐赠的套装藏品的一部分，该套装还包括一件洋红色长袍（见140页）、蓝色外衣（见59页）、绿色长裤、流苏帽、皮靴和套鞋（见213页）。谢里夫是一位著名的植物学家，他于新疆西南地区的绿洲重镇和田获得这些珍品，和田以盛产优质玉石和丝绸而闻名。

新娘裙褂（qungua）

由缎纹丝绸、丝线和金属线刺绣制成，中国，20世纪30年代，英国维多利亚与艾尔伯特博物馆(V&A)之友捐赠。FE.66:1,2-1995

在中国，新娘裙褂历来是婚礼中最精美的服饰，按照传统，新娘在婚礼当日如同皇后一般。传统婚礼习俗规定，新娘裙褂应为红色，寓意喜庆和吉祥，这是中国节日的常用色。这套裙褂由黑色上衣和粉色百褶裙组成，是20世纪上半叶流行的款式。汉族女孩在成年之前通常不穿裙子，也不盘发。但在婚礼当天，新娘身着华丽的裙褂，彰显其人生中这一重要的转折点。

龙凤图案是新娘裙褂的基础图案，象征婚姻中的男女，牡丹则寓意美满与繁荣。这些元素被金线和银线交织盘绕，牵着彩色丝线的细小针脚将金属线固定在适当的位置。龙凤之躯巧以棉絮填充，立体生动。凸绣是广东东部城市潮州的独特技艺，传统上用于装饰新娘裙褂与戏服。在潮州，男女皆从事刺绣行业，潮绣既行销本地，也远销海外，尤其是东南亚地区。

苗族女式节日盛装

由斜纹棉、辫线和黄铜亮片刺绣制成，中国贵州，1940年—1950年，FE.30-2004

苗族的年轻女性在节日或婚礼上会穿着这种华丽的直筒上衣，搭配百褶裙及精致的银饰。衣袖、肩部及前襟绣有极具风格化的龙、蝶、葫芦、石榴等图案，这些图案蕴含着丰富的传说和信仰并世代相传。蝶象征着其祖先“蝴蝶妈妈”，而龙则代表着祈求多产、带来好运的祥瑞之物。

历代苗族女性心灵手巧，擅长手工制衣。她们精通织布、染色、刺绣和缝纫，她们的服装都是手工制作的。辫绣是贵州省东部台江县苗族妇女的独有技艺，在当地，有手工制作丝线辫的悠久传统，通常使用简单的编织架、篮子和线轴来完成。

衣袖上的袖片采用黑色和橄榄绿色的辫线盘绕固定在红色丝绸上，形成龙头和蝴蝶图案，呈现具有质感的立体效果。龙身由交叠的双色辫线构成，模拟龙身的鳞片，闪闪发光的黄铜亮片为衣服增添了光彩。

皇后吉服(jifu)

由缎纹丝绸、珊瑚珠、籽珠、丝线和金属线刺绣制成，中国，1850年—1900年，T.253-1967

手工珍珠钻孔

纸本水墨设色，中国广州，约1790年，D.115-1898

这件华丽的黄绸长袍绣有九龙纹饰与十二章纹，很可能是为清朝皇后所制。在袍身中央戏珠的龙是由数千颗白色籽珠装饰而成的，红色珊瑚珠则勾勒出腾跃的火焰和“双喜”字样。珍珠与珊瑚珠被视为有机宝石，常用于装点皇帝、皇后于盛典之时所穿的华服。

籽珠是在海水牡蛎或淡水贻贝中孕育而成的天然小珍珠。红珊瑚则是由珊瑚虫堆积而成的，其来源为地中海或东南亚。为刺绣备制如此小巧的珠饰，需要的不仅是细心，还有精准的眼光。从分拣数十万颗籽珠到制作直径小于1毫米的珊瑚珠，再到钻孔、穿线、缝合，每一个步骤都由技艺高超的工匠和绣工精心完成。

囍
囍
囍
囍

孔雀、蝴蝶、牡丹等图案，寓意美好、吉祥和兴旺。在这件奢华的抹额上，各色透明或不透明的玻璃珠密密麻麻地铺陈开来。20世纪初，珠绣在中国兴起，主要流行于福建和广东。进口的微型玻璃珠，或称“米珠”，主要用于装饰女性的时尚配饰。

珠绣整体的视觉效果和触感令人赞叹，珠绣拖鞋和头饰风靡一时，这一潮流可能是由菲律宾华人传入的。将单独的米珠或成串的米珠缝于底布之上，既可防止珠子移位，又可降低脱落的风险。由于抹额上密镶米珠，因此需以坚韧的棉质帆布为衬，以承载珠子的重量。

抹额（mo e）

由棉布、珠绣制成，中国，1910年—1950年，英国维多利亚与艾尔伯特博物馆（V&A）之友捐赠。FE.176-1995

儿童坎肩（kanjian）

由缎纹丝绸、丝线、金属线和孔雀羽线刺绣制成，中国，1850年—1875年，T.84-1965

几个世纪以来，儿童服装一般都是成人服装的缩小版，尺寸虽小，但装饰考究，吉祥寓意蕴含其中，体现着父母对子女的深切关爱与殷切期望。这件儿童坎肩正反两面，各有两只活泼嬉戏的狮子追逐着精巧的锦球，它们是用打籽绣法以丝线绣制，并运用贴线绣工艺搭配金线来呈现的。

狮子并非中国本土之兽，其形象随佛教传入国内，常护于佛寺门前。在佛教语境中，狮子具有辟邪的作用。在此绣中，狮鬃卷曲，尾巴舒展，它们所呈现的彩虹般的绿色调源自使用孔雀羽线绣成。使用华贵材质是广东粤绣的特色之一。

以孔雀羽线织绣的纺织品最早可追溯至17世纪初，现存的装饰纺织品或龙袍等珍品寥若晨星。身着这件衣服的孩童可能出自勋贵世家。

这件来自香港的灰色缎面旗袍简约雅致，展现了超凡脱俗的女性魅力。裙身正面用缎面绣工艺以丝线绣制一排不对称的百合花，红花白蕊，配以灰白相间的叶子，优雅蜿蜒于左肩、胸部及裙摆。领口两侧各绣一朵红色百合花苞。素色丝绸旗袍正面绣花或龙纹，背面不饰纹样，这种做法在当时很流行。

受当代欧洲时尚的影响，这种旗袍强调沙漏形廓形，通常搭配西式紧身胸衣。此款旗袍长及小腿，紧贴腰身，依靠侧缝省道的剪裁塑造收腰效果。西式剪裁使前胸省与后腰省更贴身，赋予穿着者20世纪50年代流行的纤细腰身及修长身型。

旗袍（qi pao）

由缎纹丝绸、丝线刺绣制成，中国香港，20世纪50年代，理查德·周和珍妮·周夫妇为纪念亨利·周博士而捐赠。FE.52-1997

旗袍（qipao）

由真丝平纹缎、亮珠、亮片刺绣制成，中国香港，20世纪50年代，由理查德·周和珍妮·周夫妇为纪念亨利·周博士而捐赠。FE.48-1997

装饰晚礼服经常会用到亮珠或亮片。这件旗袍前身饰有不对称叶片，从左肩、前胸延伸至裙摆，叶片以带有光泽的黑色亮片构成，每个叶片缀以一串黑色珠串，再用同色小珠串成蜿蜒的曲线连接叶片。

旗袍可搭配高跟鞋、手套及珠绣手袋，展现绣工的精湛技艺与裁缝的匠心独运。整体设计旨在令穿着者于晚宴或鸡尾酒会上脱颖而出。20世纪50年代，珠绣在香港兴起并蓬勃发展，玻璃珠从奥地利及前捷克斯洛伐克进口，用于装饰行销海内外的各类时尚商品，包括旗袍、毛衣、裙子、手套、手袋、衣领及眼镜盒等。

旗袍套装(qipao)

由平纹天蚕丝绸、亮片刺绣制成，中国香港，20世纪50年代，豪华公司，理查德·周和珍妮·周夫妇为纪念亨利·周博士而捐赠。FE.56:1至3-1997

20世纪50年代是旗袍的黄金时代，也造就了香港裁缝业的繁荣。20世纪30年代日本侵华战争爆发后，许多富裕家庭、纺织企业以及技术精湛的裁缝从上海或广东移民到香港，开始了新的生活。

这套旗袍套装采用粉色平纹天蚕丝绸制成，包括旗袍、马甲和外套，由香港礼顿道118号的豪华公司量身定制。七分袖，前开襟处设钩眼扣，腰部两侧外扩，背面设有肩省和腰省。立体亮片花朵由匠人以珍珠母亮片手工缝制而成，每三朵一组，沿前襟和袖口缝制。

这款旗袍是20世纪50年代的典型款式，它勾勒出女性的沙漏形曲线，展现东方女性独有的典雅气质。搭配马甲和外套，摇身一变成为干练的西式套装，适合出席各种正式场合。

旗袍（qipao）

由平织粘胶人造丝棉混纺、人造丝机绣制成，中国香港，20世纪50年代，由理查德·周和珍妮·周夫妇为纪念亨利·周博士而捐赠。FE.53-1997

这件橙色旗袍前身正中盛放着硕大的菊花，以机绣工艺精心绣成，花瓣洁白如雪，花蕊乌黑亮丽。20世纪50年代，机绣在香港刚刚兴起，手工刺绣才是主流，主要由来自内地的绣工完成。该款旗袍采用粘胶人造丝与天然棉混纺面料制成，明艳的色彩和张扬的图案在当时以素雅为主的旗袍风潮中显得独树一帜。

此款旗袍采用了创新的剪裁手法，有别于传统的不对称开襟样式。它将开口置于右肩高处，间隔紧密的按扣沿着袖窿曲线延伸至腋下，侧缝处设有隐蔽拉链。这种新型剪裁巧妙营造出无缝一体的视觉效果，因此相当适合展示夸张的机绣图案。

旗袍(qipao)

由缎纹丝绸、金属线刺绣制成，中国香港，约1961年，理查德·周和珍妮·周夫妇为纪念亨利·周博士而捐赠。FE.49-1997

一朵不对称的大花自裙身左肩蜿蜒而下，肆意绽放于裙身之上。叶片以机绣工艺直接绣制于白色绸缎之上，而花朵（对页图可见最上方一朵）则用绸缎边角料和银线绣成。绣工用银线勾勒花瓣的轮廓，再将部分花瓣与裙身缝合，向上的花叶弯曲舒展，栩栩如生地展现立体的美感。

这件旗袍的款式在当时比较流行，白色绸缎上的刺绣引人注目，与那些带有装饰性边饰的旗袍风格迥异（见71和157页），仅有一颗隐蔽的按钮作为系扣。这件旗袍是爱丽丝·周女士（1914年—1979年）于1961年在加州旧金山参加继子婚宴时所穿。

旗袍（qipao）

由罗、丝线刺绣制成，中国上海，2019，“郭许旗袍”品牌捐赠。FE.188-2019

挽袖（wanxiu）

由缎纹丝绸、丝线刺绣制成，中国，1875—1900年，由博物馆艺术基金资助购买，T.147-1948

此款旗袍采用黑色丝质纱罗裁制，前襟处绣有花卉图案，内衬为绿松色丝绸，九颗珠扣点缀其间。衣边缀以黑色斜裁缎边和绿松石色滚边进行装饰。肩部及右侧叠襟上有一条如意形缎带，上绣有吉祥图案“蝶恋花”。该设计灵感源自19世纪末20世纪初汉族妇女的百褶裙镶边刺绣。

在这条缎带上，每只蝴蝶的身体上都额外缝有翅膀，栩栩如生，形态立体，仿佛振翅欲飞。这些立体翅膀上采用双面绣工艺绣有各种几何图案，这是苏州绣工的杰作。她们同时在面料的两侧进行刺绣，这种独特针法的要点在于绣工善于隐藏松散的线头和结点，从而使两面的刺绣看起来同样完美。

第八章 鞋靴

草鞋(caoxie)

由草编织而成，中国，1850年—1897年，AP.61&A-1897

草鞋作为中国最古老、最简朴的鞋履之一，其鞋底由稻草编制，鞋面则以灯芯草编织而成。无论天气如何，农民在田野劳作、拾柴采药、上山打猎时，穿的都是这样的草鞋。就连牛马牲畜也常被套上以稻草编织而成的简易凉鞋，在泥泞道路上缓缓而行。尽管穿着感受并不舒服，但粗糙的稻草鞋底有着极佳的抓地力。

在中国传统文化中，草鞋亦蕴含着哀悼之意。在丧礼仪式上，逝者家属常着粗麻衣，头戴孝巾，脚穿草鞋，以表达哀思，摒弃光鲜的外表和舒适感，沉浸于对亲人的悼念之中。图中这些草鞋最初是为1872年开业的英国维多利亚与艾尔伯特博物馆(V&A)贝斯纳尔格林分馆所购置，旨在彰显稻草的废物利用价值。博物馆通过展出世界各地利用废弃材料制作的实用产品和商品，希望提升企业的可持续发展意识，并推动对废弃材料或剩余材料的创新利用。

19世纪，富裕阶层的男子在家中常穿这种露脚背的方头拖鞋。此款拖鞋由灯芯草编织而成，鞋垫饰以菱形图案，皮革鞋底坚固耐磨。鞋面采用绿色纸质衬里和双脊设计，双层锁边确保鞋形稳固。鞋底用黑色墨水书写“攵”意为数字“9”，该符号出现于20世纪初，被称为“苏州码子”，是商人标示商品价格的专用符号。

19世纪50年代以前，中国鞋类出口数量微乎其微，直至1849年加利福尼亚淘金热和1851年澳大利亚淘金热的兴起才有所改观。正如S.威尔斯·威廉姆斯在其著作《中国商业指南》（1863年）中所述，19世纪50年代，为逃避饥荒和内战带来的困苦，广东、福建等地爆发大规模移民潮。这股移民潮也推动了中国鞋类出口的迅猛增长，尤其是做工考究的草鞋和其他鞋类。最终，许多中国人定居海外，从事各类行业。

男式拖鞋（tuo xie）

由草、皮革、纸、编织而成，中国，1850年—1897年，AP.60&A-1897

线鞋（xian xie）

靛染，棉，中国甘肃，2019年，无用品牌，FE.158:1, 2-2019

化缘僧人

纸本水墨设色，中国广州，约1790年，D.138-1898

用麻线或棉线制作绳鞋的工艺最早可以追溯到汉代（公元前206年—公元220年）。2019年，无用品牌创始人、时装设计师马可（1971年—）在一个致力于保护传统手工艺的项目中，用同样的工艺制作了这双线鞋。她曾多次走访中国各地的偏远地区，记录濒临失传的传统工艺，以及老一辈工匠的个人故事和回忆。

这双靛染的棉线鞋采用绗缝鞋底，俗称“千层底”，兼具舒适性和耐用性。制作鞋底的过程十分耗时：用淀粉使棉布硬化，裁剪多个鞋底形状，并进行精细修整。最后，使用粗棉线在鞋底上密集缝制细小针脚，形成叠加在一起绗缝的外观和质感。马可为这双鞋命名为“行脚”，意指云游四方的僧侣外出拜访得道高僧或教化众生。

20世纪中期，木屐是香港男女老少皆宜的常见鞋履。每一双木屐均由整块木头雕刻而成，鞋面则采用塑料材质。男性多穿素色木屐，它实用性强，深受在潮湿市场工作的屠夫和鱼贩的青睐。女性则偏爱装饰有花鸟图案的木屐，在婚礼上，新娘也会穿着红色鞋底和鞋面的木屐。

上图的木屐匠人正精心雕琢双齿木屐，采用的是红色鞋面露脚背设计，是早期适合潮湿天气的经典木屐款式。直至20世纪五六十年代，广东省的许多客家人将木屐作为日常鞋履穿着。中国南方许多城镇拥有专门的木屐制作坊，木屐产品更热销香港。

木屐（muji）
由上至下

由木材、塑料、皮革制成，中国，1950年—1980年，英国维多利亚与艾尔伯特博物馆(V&A)之友捐赠。FE.156:1-1995

由漆木、塑料、皮革制成，中国，1960年—1975年，英国维多利亚与艾尔伯特博物馆(V&A)之友捐赠。FE.155:1-1995

由漆木、塑料、皮革制成，中国，1960年—1980年，英国维多利亚与艾尔伯特博物馆(V&A)之友捐赠。FE.154:1-1995

木屐匠人
纸本水墨设色，中国广州，约1790年。D.70-1898

男鞋

由丝绸花缎、缎面贴花、棉、纸、皮革制成，中国，1800年—1875年，FE.77:1,2-2002

冬天，上流社会的男子会穿这种带有衬里的丝绸鞋。鞋面采用绿色锦缎制成，饰有云纹贴花图案，并以蓝色绸缎包边，鞋头镶绿色滚边，鞋底由多层纸制成。

这双鞋的边缘镶有压花驴皮，这种驴皮亦被称作“鲨革”，该词源自波斯语“saghari”或土耳其语“sagri”，指未经鞣制的驴皮，将其与种子一起压制以产生压花纹理，通常染成绿色。自17世纪起，该词亦用于指代鲨鱼或鳐鱼皮制成的皮革。直至19世纪，驴皮仍是中国人制作鞋类和武器的常用材料。

童鞋

由缎纹丝绸、丝线和金属线刺绣、纸、皮革制成，中国，1875年—1897年，AP.55&A-1897

童鞋刺绣工艺丰富多彩。这双童鞋的鞋帮采用黄色缎面，花卉图案采用无捻丝线以缎面绣工艺绣制而成。鞋头采用棕色天鹅绒面料，以盘金绣和打籽绣针法绣制，看上去就像一只展翅飞翔的蝴蝶，翅膀下盛开着朵朵鲜花。

鞋口边缘以洋红色捻线以锁眼针法绣制，同时将扁平的金色纸条穿梭其间，勾勒出宛如花篮般的精美图案。这种刺绣工艺名为“锁边绣”，常用于点缀皮包或鞋帮的边缘。

旗鞋

由缎纹丝绸、丝线刺绣、棉、木制成，中国，1800年—1875年，FE.71:1,2-2014

卖刺绣纸样的老妪

纸本水墨设色，中国北京，1885年，周培春画坊（经营于约1880年—1910年间）。D.1587-1900

制作鞋底的工匠

纸本水墨设色，中国北京，1885年，周培春画坊（经营于约1880年—1910年间）。D.1667-1900

在中国历史上，评判女性美的标准之一便是高挑的身材和小脚。而满族女子不缠足，她们的鞋子与汉族女子穿的小鞋截然不同。出身高门的满族女子穿着经过夸张垫高的旗鞋，以制造脚小的假象：鞋底越高，脚就显得越小。如右上图，近13厘米高的鞋跟被安装在小小的鞋底上。这种样式酷似中国的花盆或马蹄铁，因此也被称为“花盆底”或“马蹄底”。高度的增加也使女性看起来轮廓纤细，步态迷人。

旗鞋的鞋面上常装饰以精美的吉祥纹样，这些纹样在鞋体组装之前就已绣好。刺绣的纹样可购于布庄或货郎处。如对页图所示，红色丝绸上绣着龙睛金鱼和水草。“金鱼”谐音“金玉”，寓意金玉满堂。

旗鞋

由缎纹丝绸、金属线和亮片刺绣、毡纸、皮革制成，中国，1800年—1850年，卡罗琳·尼亚斯小姐和伊莎贝尔·贝恩斯夫人捐赠。T.184-1922和CIRC.300-1922

这双引人注目的旗鞋十分贵气。厚实的船形鞋底由多层毡纸叠制而成，边缘被漂白，底部以皮革缝合。这种鞋是满族妇女的户外鞋。纸质鞋底质地坚韧，且于鞋头处略微上翘，赋予了脚步弹性。相较于木底鞋，此鞋底采用纸质材料制成，重量更轻，但同样结实耐用。

中国人早在汉代（公元前206年—公元220年）便掌握了造纸术，而利用纸张制作立体物品的技艺亦可追溯到那时。这双鞋的鞋面由桃色缎面制成，其上用贴线绣绣满了丰富的花卉藤蔓图案，还点缀着绿色和深红色的亮片，闪烁生辉。

维吾尔族女靴及套鞋

由皮革、丝绒、棉、羊毛、丝线和金属线刺绣制成，中国新疆和田，1800年—1900年，乔治·谢里夫上尉捐赠。T.31D至G-1932

维吾尔族妇女通常在冬季着皮革或刺绣高跟长靴，这双奢华长靴以红绿相间的丝绒制成，其上刺绣卷曲花纹。鞋口部分则采用绿松石色棉布，以锁绣工艺绣制花卉与波浪图案。套鞋的鞋面及鞋头处用染色的绿色驴皮镶边，并缀以彩色羊毛装饰。

在新疆，制鞋技艺是祖辈相传的，当然也可以从学徒做起进入该行业。像这样的套鞋主要为富裕人家所穿着，是新郎父母赠予新娘的嫁妆。套鞋不仅可以保护靴子，而且很方便实用，维吾尔族人在进入清真寺礼拜时需要脱鞋，套鞋的设计为穿着者提供了更多的便利性。

拖鞋

由提花丝绸、皮革、丝绵制成，中国上海，2020年，摩登绣鞋，黄梦琦捐赠。FE.55:1，2-2021

《道光帝喜溢秋庭图》（局部）

纸本水墨设色，中国北京，1821年—1850年，故宫博物院

鞋子上自然盛开的菊花是以粉色绒线缠绕铜丝手工制成。男女都会佩戴此类手工绒花饰品，花卉样式会随季节更迭而变化。

这双高跟鞋由上海设计师黄梦琦（1973年—）设计，设计灵感源自一部广受欢迎的中国古装剧《延禧攻略》（2018），该剧讲述了乾隆皇帝（1736年—1795年）的后宫中一位宫女的奋斗故事。剧中服装设计以故宫博物院的宫廷藏品为蓝本。剧中许多女性角色都佩戴绒花，“绒花”与“荣华”谐音，具有吉祥祝福之意。

绒花的传统制作工艺可追溯至唐朝（618年—907年）。南京和扬州为两大主要制作中心。设计师巧妙地将中国传统文化中的元素融入设计之中，别出心裁且充满趣味性和想象力。

新娘婚鞋

由缎纹丝绸、丝线和金属线刺绣制成，中国香港，1940年—1970年，新新鞋厂，英国维多利亚与艾尔伯特博物馆(V&A)之友捐赠。FE.72:1,2-1995

红色是中国传统婚礼的主色调。这双红色高跟鞋是为新娘搭配裙褂准备的，即所谓的“红褂”。鞋面绣有龙凤戏珠纹样，在红色缎面布料内填充立体内衬，使图案更加饱满立体。即便如今白色婚纱已经非常流行，但在接亲仪式时，新人仍会穿上传统婚服。

这双鞋由位于香港摆花街32号的新新鞋厂手工制成。香港制鞋业始于20世纪20年代中期，当时主要生产橡胶鞋和帆布鞋。30年代，为满足出口市场日益增长的需求，香港制鞋业迅猛发展。至20世纪50年代，制鞋业蓬勃发展，生产几乎所有类型的鞋子，包括皮鞋、休闲鞋、正装鞋、定制鞋与量产鞋，以迎合本地与海外市场的最新时尚潮流。

术语表

袄(ao):汉族的上衣。

贴花(appliqué):在织物表面进行装饰的方法，通常是通过缝合其他织物或装饰物形成图案。

巴旦木(badam):波斯语，指一种坚果。

辫绣(bianxiu):在织物裁片边缘起保护固定和装饰作用的装饰针法的总称。

斜裁(bias cut):将织物裁成与织纹成45°角。

襞积(biji):堆积的褶皱，就是褶裥。

织锦(brocading):用染好颜色的彩色经纬线，经提花、织造工艺织出图案。

补服(bufu):胸前带有方形补子的礼服。

步摇(buyao):一种能随着行走而产生颤动的女性发饰。

帆布刺绣(canvas work):数格刺绣的一种形式，在帆布底上绣出密集的图案，覆盖大部分底料。

草鞋(cao xie):草制鞋履。

氅衣(changyi):满族妇女作为外衣穿的长袍，腋下侧身有开衩。

朝服(chaofu):一种宫廷礼服。

成衣(chengyi):已制成的衣服。

衬衣(chenyi):没有裙衩的长袍，满族妇女日常穿着。

角色扮演(cosplay):扮装游戏，装扮成虚拟世界中的人物。

贴线绣(couching):将线放置在织物表面，然后用相似或对比色的线通过小针脚将其固定。

钩编(crochet):用钩针和线编织花边的制作形式。

雕绣(cut work):通过去除小块区域来改变织物结构的工艺技术。有时会用装饰性的针法来填补空隙。

锦缎(damask):单色双面织物，其图案是通过对比经纱面的光泽面和纬纱面的无光面形成的。

省道(dart):布料的缝合褶皱，用于帮助服装定型。

点翠(diancui):一种在贵金属上点缀翠鸟羽毛的技术。

钿子(dianzi):清朝宫廷妇女在礼仪场合佩戴的头饰。

朵帕(doppa):中国维吾尔族服饰中的花帽。

双面绣(double-faced emvroidery):在织物两面绣上相同图案的刺绣技法。

斗笠(douli):用竹子编织而成的宽边锥形帽。

颤动(en tremblant):法语指"颤动"的。

盘长结(endless knot):佛教八宝之一。

鱼鳞粉(essence d' orient):从鱼鳞中提取的物质，用于涂在玻璃珠上制作仿珍珠。

风帽(fengmao):一种带有后披可以挡风的帽子。

丝绵(floss silk):未经捻合的蚕丝线。

盘扣(frogging):用织物或绳编制而成的装饰性环结纽扣。

蝠(fu):蝙蝠，幸福的象征。

纱织(gauze-weave):一种织造技术。经纱在纬纱之间有间隔地交叉和分离，形成有透明感的织物。

衬料(gusset):嵌在腋下或胯下的三角形或菱形小块布料，有助于活动并使衣服更合身。

估衣铺(guyipu):二手服装店。

汉服(hanfu):汉族人的传统服装。

汉洋折中(hanyang zhezhong):中国Z世代引领的时尚风格，其风格特征是中西合璧，兼收并蓄，通常将经典复古的西式风格与汉服混搭。

花纽(huaniu):花形纽扣

胡服(hufu):古代西方和北方各族的服饰。

胡旋舞(huxuanwu):一种胡人的旋转舞蹈,又称"粟特旋转舞"。

提花织机(jacquard loom):在手摇织机或动力织机上用于选择图案的穿孔卡片装置,最初的发明是为了取代在拉花织机上与织工一起工作的拉花童工。

笄(ji):束发的簪。

夹袍(jiapao):双层无絮长袍。

夹缬(jiaxie):一种防染技术,将织物夹在刻有图案的木板之间,也称为"夹染"。

吉服(jifu):喜庆场合穿着的礼服。

金鱼(jinyu):与"金玉"谐音,寓意富贵有余。

居宛(juwan):年轻的已婚已育妇女。

坎肩(kanjian):无袖上衣,又称"背心"或"紧身"。

缂丝(kesi):以生丝为经,彩色熟丝作纬,纬丝仅于图案花纹需要处与经丝交织,极具欣赏装饰性的丝织品,又称"刻丝"。

裤(ku):裤子。

蜡刀(ladao):一种用于蜡染的工具。

襕干(langan):装饰马面裙的栏杆形样式。

凉帽(liangmao):用于乘凉的帽子。

灵芝(lingzhi):在中国传统文化中寓意长寿、吉祥和健康。

立水(lishui):位于纹样底部的水波纹。

花边(macramé):花边(法语)。用于绳、线或其他纱线的结绳工艺,通过将绳结以不同的排列顺序组合,形成不同的图案。

马褂(magua):一种长及腰部的服装,源自满族军队的骑马服装。

马面裙(mamianqun):汉族妇女穿的镶边百褶裙。

马蹄袖(matixiu):一种形状像马蹄的袖口。

斜角(mitre):在90°角编织的两段面料的连接处折叠,并使其分叉角为45°。

抹额(mo e):一种汉族妇女佩戴的头带。

木屐(muji):木质鞋履。

镂空刺绣(openwork):将底层的线拉开或抽出,然后形成固定的网状结构的刺绣工艺。

孔雀羽线(peacock-feather threads):蓝绿色丝线与孔雀羽毛丝缠绕制成的线。

琵琶(pipa):中国的四弦乐器。

皮球花(piqiu hua):团花,装饰性的圆形花卉图案。

平纹织物(plain-weave):一种一上一下的编织结构,可达到均匀、平衡的编织效果。

抽纱绣(pulled-thread embroidery):一种镂空刺绣,将经线和纬线拉在一起,通过拉紧针脚形成小孔。

袷袢(qiapan):新疆的一种外套。

麒麟(qilin):中国神话中的生物。

旗袍(qipao):20世纪20年代末开始流行的紧身连衣裙样式,高领、侧开衩。

裙褂(qungua):汉族女子的传统新娘装,由上衣和百褶裙组成。

生丝(raw silk):未脱胶的丝绸。

人造丝(rayon):由改性纤维素制成的丝的统称。人造丝开发于19世纪末,是第一种大规模生产的人造纤维,在第一次世界大战后开始广泛使用。

防染法(resist-dyeing):用阻染剂(通常是蜡或糨糊)保护选定区域不被染色,然后将其去除,从而使织物或纱线图案化。重复这一过程可形成多色图案。

锯齿形花边(ric-rac):扁平编织的锯齿形饰带。

绒花(ronghua):用金属丝缠绕绒线制成的人造花。

如意(ruyi):灵芝状的纹样。有“称心如意”之意,也是一种摆件。

萨珊王朝(sasanian):伊朗萨珊王朝(224年—651年)。

缎面(satin):织物表面光滑发亮,经线完全覆盖纬线。通常用于丝绸或人造纤维。

织边(selvedge):与经线平行的织物外缘,通常比织物的其他部分更加密集。由纬线缠绕最外层的经线而成。

寿(shou):“寿”字纹样,意指长寿。

双喜(shuangxi):寓意“双重喜乐”。

梭子(shuttle):用来承载纬纱的工具,在经纱之间来回穿梭。

上浆(sizing):指施加于纱线或织物上的化合物,以提高光滑度、耐磨性、刚度、强度、重量或光泽。

粟特人(sogdian):伊朗人,其故乡粟特位于今乌兹别克斯坦和塔吉克斯坦境内。

锁边绣(suo bian xiu):将布料边缘包裹起来以起到装饰、防止脱线作用的刺绣工艺。

法式钩针绣(tambour work):用钩针形成表面锁链针迹的刺绣技术,常用于装饰机制网眼织物。

斜针刺绣(tent stitch):一种短而斜的针法,针脚从左到右均匀地排列。

通草(tongcao):指取自通脱木髓心制成的通草纸。

通草花(tongcao hua):用通草纸制作的人造花。

托依(toyi):意为喜事。

网纱(tulle):用丝绸、棉花或人造纤维织成的六边形网孔结构。

拖鞋(tuo xie):居家鞋。

斜纹织物(twill):在织物表面织出斜纹。

维吾尔族(Uygur):中国56个民族之一,主要聚居在中国西北部的新疆维吾尔自治区。

天鹅绒(velvet):用一根或多根附加经线织成的带绒毛的织物,将这些经线在织造过程中打圈,然后进行切割或保留形成绒毛。

花式丝绒(velvet voided):天鹅绒的一种,底面部分没有绒毛,但采用平纹或缎纹织法,与绒毛的纹理形成对比。

挽袖(wanxiu):中国传统服饰的袖口装饰。

经纱(warp):经纱固定在织机上,贯穿织物的长度。

绢丝(waste silk):从破损或有缺陷的蚕茧中抽出的丝,或从缫丝的废料中抽出的丝,偶尔会被纺成丝线。

挖云(wayun):将织物剪裁成云形的剪裁技术。

纬纱(weft):织工用梭子使其穿过经纱的纱线。

窝妥(wotuo):漩涡纹,一种古老的几何纹样,因形态似水涡而得名。

线鞋(xianxie):用线绳编织而成的鞋子。

霞帔(xiapei):女式宫廷服饰中的背心样式。

雅(ya):优雅、精致。

元宝领(yuanbaoling):形似元宝的高而外翻的领子。

云肩(yunjian):一种四叶形、类似披肩的服饰,覆盖颈部、肩部、胸部和背部。

簪(zan):妇女的发饰。

折扇(zheshan):可以折叠的扇子。

致谢

我衷心感谢所有为本书作出贡献的人。

首先，我要感谢莎拉·邓肯精湛的摄影技术，感谢伊丽莎白·安妮·霍尔丹、诺拉·布罗克曼、劳伦·伊斯和卡特里娜·雷德曼，他们为这些服装的保存和展示付出了大量时间和专业知识。还要特别感谢金属制品保管员和宝石鉴定师乔安娜·惠尔利对宝石和珍珠的鉴定。

非常感谢李晓欣和英国维多利亚与艾尔伯特博物馆(V&A)亚洲部馆长安娜·杰克逊在整个写作过程中给予的指导、鼓励和反馈，也非常感谢英国维多利亚与艾尔伯特博物馆 (V&A)出版社的汉娜·纽厄尔在整个制作过程中给予的指导。

我还要感谢泰晤士哈德逊出版社团队在制作本书时对细节的专注，尤其要感谢编辑伊莱恩·麦卡尔平和制作主管苏珊娜·英格拉姆，以及图片研究员弗雷德里卡·洛克霍尔姆和伊萨·罗尔丹精美的设计。

最后，我要感谢我的家人和朋友，感谢他们在漫长的研究和写作过程中给予我的耐心和支持。

图片来源

除以下插图外，所有插图均由伦敦英国维多利亚与艾尔伯特博物馆 (V&A)提供：

10页,左图，印度政府；

18页，花神妙所有者YanYingWang拍摄并授权；

19页，上图和下图，绝设集团，中国苏州；

21页，拟梦汉服；

28页，左下图，海德堡大学图书馆《世界屋脊》，W页；

31页，左图，巴西国家图书馆基金会；

40页，右图，伦敦大英博物馆；

44页，左图，印度政府；

80页，左图，故宫博物院提供/图片©故宫博物院；

129页，左图，故宫博物院提供/图片©故宫博物院；

136页，左图，台北故宫博物院；

214页，左图，故宫博物院提供/图片©故宫博物院

索引